Shahlaa Salih
Rawaa Al-Chalabi
Ayad M.A. Fadhil

Polimorfismo no promotor do gene mif e risco de cancro da bexiga

Shahlaa Salih
Rawaa Al-Chalabi
Ayad M.A. Fadhil

Polimorfismo no promotor do gene mif e risco de cancro da bexiga

Inflamação e cancro da bexiga

ScienciaScripts

Cover image: www.ingimage.com

This book is a translation from the original published under ISBN 978-3-659-88639-3.

Publisher:
Sciencia Scripts
is a trademark of
Dodo Books Indian Ocean Ltd. and OmniScriptum S.R.L publishing group

120 High Road, East Finchley, London, N2 9ED, United Kingdom
Str. Armeneasca 28/1, office 1, Chisinau MD-2012, Republic of Moldova, Europe
Managing Directors: Ieva Konstantinova, Victoria Ursu
info@omniscriptum.com

Printed at: see last page
ISBN: 978-620-8-52097-7

Índice

Resumo

O objetivo deste capítulo do livro é apresentar a investigação básica mais recente sobre o papel do polimorfismo no promotor do fator inibidor da migração de macrófagos (MIF) e o risco de cancro da bexiga. O gene MIF encontra-se no cromossoma 22q11.2 e a sua regulação é controlada por dois locais polimórficos na região promotora. O primeiro sítio consiste na repetição CATT em -794 que se repete 5-8 vezes e o segundo sítio é um polimorfismo de nucleótido único em -173(G/C) que está associado a uma maior atividade promotora em algumas linhas celulares cancerosas e a atividade é proporcional ao aumento dos níveis de MIF no soro. O MIF aumenta a transcrição, a ativação e a viabilidade dos macrófagos, juntamente com os seus efeitos inibitórios sobre os linfócitos citotóxicos das células antitumorais, o que sugere que a sobreexpressão do MIF em doenças malignas em desenvolvimento pode atuar de forma concertada para facilitar o aumento do crescimento tumoral, o que representa uma ligação importante entre inflamação e cancro devido ao seu papel pró-inflamatório. O MIF liga-se ao domínio extracelular do CD74 com elevada afinidade e inicia uma cascata de sinalização. O CD74 forma um complexo com o CD44 que é essencial para a cascata de sinalização induzida pelo MIF e os seus mecanismos moleculares envolvem, entre outros, a inibição do p53 que promove a proliferação das células tumorais, a sobrevivência celular e a neoangiogénese associada ao tumor.

Capítulo 1. Introdução

O cancro da bexiga é a 2.ª neoplasia maligna mais frequente do trato geniturinário e o quarto cancro mais comum nos homens (Li *et al.*, 2014). A patologia de apresentação mais comum dos tumores da bexiga é o carcinoma de células uroteliais (90% dos casos), enquanto os carcinomas de células escamosas, os adenocarcinomas e outros subtipos raros constituem uma minoria dos casos (Bartsch *et al.*, 2010).

Os tumores da bexiga raramente ocorrem antes dos 40 anos de idade, surgindo mais frequentemente na sétima década de vida (Volkmer *et al.*, 2012). O tabagismo e a exposição profissional a agentes cancerígenos ambientais como as aminas aromáticas, a radiação e a quimioterapia são os principais factores fortemente associados ao cancro da bexiga (Letasiova *et al.*, 2012).

Cerca de 70% dos tumores da bexiga são tumores não invasivos do músculo (estádio Ta, Tis ou T1), 25% são invasivos do músculo (estádio T2 ou T3) e 5% são metastáticos. A metástase é a principal causa de morte. Vários eventos são necessários para que a metástase ocorra, incluindo neovascularização, fixação celular, invasão e proliferação celular (Sjodah *et al*, 2015).

As moléculas de adesão celular (CAM) desempenham um papel importante nas interações célula-célula e célula-matriz. Estão associadas à invasão e à metástase numa grande variedade de doenças malignas humanas, incluindo os cancros uroteliais. Os tumores superficiais de baixo grau têm taxas de recorrência mais elevadas e os tumores de grau mais elevado têm um maior potencial invasivo e uma maior tendência para o potencial metastático. Em geral, as caraterísticas histopatológicas padrão dos cancros uroteliais, incluindo o grau e o estádio do tumor, determinam o comportamento do tumor, mas a descrição de novas caraterísticas tumorais pode ser útil para o tratamento dos doentes (Stivarou e Patsavoudi *et al.*, 2015).

As citocinas são proteínas solúveis de baixo peso molecular que desempenham um papel fundamental na comunicação dentro do sistema imunitário e estão envolvidas num vasto leque de actividades biológicas, especialmente para regular o crescimento, a diferenciação e a ativação das células imunitárias (Dranoff, 2004 e Chokkalingam *et al,* 2013).

Cada citocina liga-se a um recetor de superfície específico, seguido de cascatas subsequentes de sinalização intracelular que alteram a função celular e incluem a regulação ascendente de vários genes e respectivos factores de transcrição, resultando na produção de outras citocinas (Horacek *et al.,* 2014). Pensa-se que a desregulação da produção de citocinas desempenha um papel importante no desenvolvimento de doenças como a doença autoimune e o cancro. Várias citocinas estão envolvidas nas interações entre as células malignas dos tumores e as células imunitárias, que podem influenciar a progressão do tumor diretamente, actuando sobre as células tumorais como factores de promoção ou inibição do crescimento, ou indiretamente, atraindo tipos de células inflamatórias e afectando a angiogénese (Brumatti *et al.,* 2010).

A expressão genética das citocinas e dos receptores de citocinas é fortemente regulada e a expressão aberrante tem sido implicada na suscetibilidade a uma série de doenças infecciosas, tendo sido demonstrado que alguns polimorfismos de nucleótido único de citocinas são importantes para alterar a expressão ou a função do gene da citocina (Sjodah *et al.,* 2013). As alterações genéticas nos genes das citocinas podem levar a uma produção elevada ou reduzida de determinadas citocinas que podem influenciar as respostas imunitárias antitumorais nativas ou a progressão tumoral, actuando nas vias da angiogénese tumoral (Chen *et al.,* 2013 e Karra *et al.,* 2015).

Aproximadamente 20% de todos os cancros surgem em associação com a infeção e a inflamação crónica e, mesmo os cancros que não se desenvolvem em consequência da inflamação crónica, apresentam infiltrados inflamatórios extensos com níveis elevados de expressão de citocinas no microambiente tumoral. As investigações mostraram que a inflamação e a produção de citocinas pró-inflamatórias estão correlacionadas com casos avançados de cancro e podem ser indicadores de um mau prognóstico (Jasim e Khalil, 2014 e McBeth *et al.,* 2015).

O aumento da transcrição, ativação e viabilidade dos macrófagos pelo MIF, associado aos seus efeitos inibitórios sobre os linfócitos citotóxicos das células antitumorais, sugere que a sobreexpressão do MIF em doenças malignas em desenvolvimento pode atuar de forma concertada para facilitar o aumento do crescimento tumoral, o que representa uma ligação importante entre inflamação e cancro devido ao seu papel pró-inflamatório. Os seus mecanismos moleculares envolvem, entre outros, a inibição da p53 que promove a proliferação de células tumorais, a sobrevivência celular e a neoangiogénese associada ao tumor (Meyer-Siegler *et al.*, 2010 e Souza *et al.*, 2014).

O MIF liga-se ao domínio extracelular do CD74 com uma elevada afinidade e inicia uma cascata de sinalização. O CD74 forma um complexo com o CD44, que é essencial para a cascata de sinalização induzida pelo MIF. Foram relatados (SNPs) raros no gene CD74, mas os SNPs em moléculas que interagem com CD74, como MIF, CD44 e MHC classe II, são mais frequentes e estão associados ao desenvolvimento de cancro (Liu e Lin, 2014). O desequilíbrio na regulação da inflamação que ocorre em muitos cancros pode induzir danos celulares. Isto estimula a interação entre as células imunitárias e as células danificadas, que proliferam, invadem e, subsequentemente, se transformam em tumores (Morris *et al.*, 2014).

O ciclo celular é um processo rigorosamente controlado, regulado por complexos proteicos compostos por ciclinas e cinases dependentes de ciclinas (cdks) e também por vários produtos proteicos de genes supressores de tumores que actuam no ponto de controlo Go/G1 do ciclo celular. Alguns destes produtos proteicos são a p^{53} e a p^{21}. O seu papel é a regulação do crescimento celular normal, da proliferação e, consecutivamente, da morte celular normal (apoptose). A inativação de um ou mais genes supressores de tumores e/ou a perda do controlo do ciclo celular representam o primeiro passo da carcinogénese. Acredita-se que as células cancerosas deficientes em p^{53} perderam a capacidade de sofrer crescimento celular através da progressão normal do ciclo celular e da apoptose. Por conseguinte, estas células adquirem o fenótipo transformado das células cancerígenas (Syrigos *et al.*, 2004; Stadler *et al.*, 2011 e Puzio-Kuter *et al.*, 2015).

A p^{21} medeia as suas várias actividades biológicas principalmente através da ligação e inibição da atividade cinase das cinases dependentes da ciclina, levando à paragem do crescimento em fases específicas do ciclo celular (Tang *et al.*, 2015). A capacidade da

p^{21} para promover a inibição do ciclo celular pode também depender da sua capacidade para mediar a repressão de genes dependente da p^{53}. As interações entre p^{53} e p^{21} são muito interessantes. Os doentes com tumores p53- alterados/p21-negativos apresentaram uma taxa de recorrência mais elevada e pior sobrevivência em comparação com os doentes com tumores p^{53}-alterados/p^{21}-positivos (Syrigos *et al.*, 2004; Abbas e Dutta, 2010).

Capítulo 2. O cancro

O cancro é a proliferação descontrolada das células. A progressão do cancro é um processo complexo de várias etapas que consiste na transformação, no crescimento do tumor, na invasão e na metástase (Rhijn *et al.*, 2009 e Siegel *et al.*, 2012). A invasão tumoral e as metástases são as etapas críticas na determinação do fenótipo agressivo dos cancros humanos, os obstáculos ao sucesso do tratamento e as principais causas de morte por cancro. A disseminação de células tumorais de um tumor primário para locais secundários no corpo é um processo complicado que envolve a degradação da membrana basal, a invasão do estroma, a adesão, a angiogénese, a proliferação celular, a migração e a anti-apoptose (Shih *et al.*, 2006 e Zehnder *et al.*, 2014).

Numerosas alterações genéticas e uma variedade de factores positivos e negativos podem estar envolvidos na base molecular da metástase. Durante a progressão do cancro, várias rondas de mutação e seleção resultam na elevada capacidade invasiva de algumas células cancerosas (Davies, 2003). Em particular, o aumento da expressão de genes promotores de metástases ou a diminuição da expressão de genes supressores de metástases pode proporcionar às células cancerosas uma vantagem invasiva selectiva e levar ao crescimento clonal de um tumor. As mutações acumulam-se no corpo humano e, consequentemente, o cancro progride para diferentes estádios (Siegel *et al.*, 2013). As principais mutações envolvem a conversão de proto-oncogenes em oncogenes e mutações nos genes supressores de tumores. A cura ou a terapia do cancro não tem sido bem sucedida porque cada cancro tem uma combinação diferente de mutações genéticas, o que dificulta a criação de um medicamento comum para o cancro (Sen e Hopwood, 2011 e Grapsa *et al.*, 2014).

Capítulo 3. Cancro da bexiga

A bexiga é um órgão oco situado na parte inferior do abdómen que armazena a urina até esta ser expelida do corpo e que é constituído por várias camadas. Uma fina camada superficial chamada urotélio reveste o interior da bexiga, tecido conjuntivo frouxo chamado lâmina própria, músculo da bexiga e a camada de gordura, como mostra a Figura (1). O cancro da bexiga significa que as células anormais se multiplicam sem controlo na bexiga, surgindo do revestimento epitelial (o urotélio) da bexiga urinária, que tem a taxa de recorrência mais elevada de todas as neoplasias malignas (Dejong *et al.,* 2014).

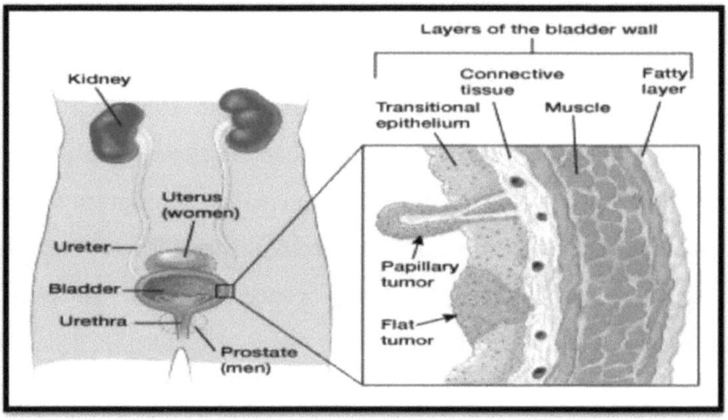

(1): Localização da bexiga e suas camadas

Aproximadamente 95% dos tumores malignos da bexiga são carcinomas de células uroteliais (CCU) que podem ser classificados como papilares (tipo mais comum, tendem a crescer lentamente em direção ao lúmen), sólidos (menos frequentes, infiltram-se na parede da bexiga e são mais agressivos) ou Carcinoma In Situ (CIS), um tipo de cancro muito agressivo que envolve o revestimento interno da bexiga (Chan *et al.,* 2009; Akli *et al.,* 2012).

Os tumores sólidos compreendem não só células malignas, mas também a matriz extracelular e muitos outros tipos de células não malignas, incluindo fibroblastos, células endoteliais e células inflamatórias, como macrófagos, neutrófilos, mastócitos e linfócitos (Cha *et al.,* 2012). Há muito que se considera que a inflamação recorrente ou persistente contribui para o desenvolvimento do cancro. A presença de células inflamatórias nos tumores foi descrita pela primeira vez em 1863 e o microambiente inflamatório desempenha um papel fundamental para promover o desenvolvimento e a progressão do tumor (Miremami e Kyprianou, 2014).

O macrófago é o principal membro das células inflamatórias no estroma tumoral. Atualmente, sabe-se que a maioria dos tumores malignos contém numerosos macrófagos como componente principal do infiltrado leucocitário do hospedeiro (Bucala e Donnelly, 2007). Estes macrófagos são designados por macrófagos associados ao tumor (TAM) e a maioria deriva de monócitos do sangue periférico recrutados para a massa tumoral, que podem libertar uma grande diversidade de factores de crescimento, citocinas, mediadores inflamatórios e enzimas proteolíticas. Muitos destes factores são agentes-chave na progressão tumoral (Sergei *et al.*, 2010 e Zhu *et al,* 2012).

Os principais sintomas das causas do cancro da bexiga são hematúria macroscópica indolor (sangue na urina), micção frequente, disúria, urgência e dor no flanco. O sangue na urina pode ser visível a olho nu (hematúria macroscópica) ou detetável apenas ao microscópio (hematúria microscópica) (Jacobs *et al.,* 2010 e Bryan, 2011). A hematúria é o sintoma mais comum no cancro da bexiga, ocorrendo em cerca de 80-90% dos doentes, mas estes sinais e sintomas não são específicos do cancro da bexiga, sendo também causados por doenças não cancerosas, incluindo infecções da próstata, bexiga hiperactiva e cistite. Existem muitas outras causas de hematúria, como pedras na bexiga ou nos ureteres, infecções e doenças renais. Todos os sintomas acima referidos, que estão presentes nas ITU, são mais comuns nas mulheres, pelo que podem ser incorretamente diagnosticados e levar a atrasos no tratamento e a doenças mais avançadas (Bangma *et al.*, 2013 e Sanford *et al,* 2015).

O CB é a neoplasia maligna mais comum do trato urinário. Aproximadamente 70-75% dos doentes são diagnosticados com uma doença superficial, de baixo grau e não invasiva (NMIBC). O tratamento primário padrão para o NIMBC é a ressecção transuretral (TUR) seguida de quimioterapia ou imunoterapia de cerca de 60% a 70%

destes tumores irão recorrer (Seydlitz *et al.*, 2014). A cirurgia para lesões superficiais é frequentemente seguida de terapia intravascular e 25% irão progredir para um estádio ou grau mais elevado e 30% dos doentes apresentam doença de alto grau ou invasiva ou metastática. O risco de metástases à distância, o fenótipo letal do cancro da bexiga, aumenta dramaticamente com a invasão da camada muscular profunda da parede da bexiga (Lacarriere *et al.*, 2013 e Yang *et al.*, 2015).

Capítulo 4. Tipos de cancro da bexiga

O cancro da bexiga é classificado com base no aspeto das suas células ao microscópio (tipo histológico). O tipo de cancro da bexiga tem implicações na seleção do tratamento adequado para a doença. Existem três tipos de cancro da bexiga:

4.1 Carcinoma de células uroteliais

O carcinoma de células uroteliais ocorre nas células que revestem o interior da bexiga. Dependendo das alterações genéticas que ocorrem, estas células podem seguir diferentes vias na expressão do seu fenótipo (Nuno *et al.,* 2007). Aproximadamente 9095% dos tumores malignos da bexiga são (CCU) e podem ser divididos em 2 subtipos com base na forma como crescem Papilares (tipo mais comum crescem em projecções semelhantes a dedos a partir da superfície interna da bexiga em direção ao centro oco e os tumores papilares crescem frequentemente em direção ao centro da bexiga sem crescer para as camadas mais profundas da bexiga) ou Carcinoma In Situ (CIS, um tipo de cancro muito agressivo que envolve apenas o revestimento interno da bexiga) (Pasin *et al.,* 2008; Kamat *et al,* 2012).

Além disso, os cancros da bexiga podem ser divididos de acordo com o grau de invasão da parede da bexiga: os cancros da bexiga não invasivos ainda se encontram na camada interna de células (o epitélio de transição), mas não cresceram para as camadas mais profundas, e os cancros invasivos crescem para a lâmina própria ou até para a camada muscular (James *et al.*,2012). Os cancros invasivos têm maior probabilidade de se espalharem e são mais difíceis de tratar. Um cancro da bexiga também pode ser descrito como superficial ou não invasivo do músculo. Estes termos incluem tanto os tumores não invasivos como quaisquer tumores invasivos que não tenham crescido até à camada muscular principal da bexiga (Ploeg *et al.,* 2009; e Darwiche *et al.,* 2015).

A via mais comum para os CCU envolve o desenvolvimento de um tumor papilar que se projecta para o lúmen da bexiga e que, se não for tratado, acaba por penetrar na membrana basal, invade a lâmina própria e depois continua para o músculo da bexiga, onde pode metastizar (Smith e Guzzo, 2013).

Cerca de 90% dos tumores da bexiga de células uroteliais apresentam este tipo de comportamento, enquanto os restantes 10% dos CCU seguem uma via molecular diferente e são designados CIS. Muitos tumores uroteliais são compostos principalmente por CCU, mas contêm pequenas áreas de diferenciação escamosa, carcinoma de células escamosas (CCE) ou adenocarcinoma (Cheung *et al.*, 2013).

4.2 Carcinoma de células escamosas

É uma neoplasia maligna derivada do urotélio da bexiga e compreende 5% de todos os carcinomas da bexiga urinária, com fenótipo escamoso puro em resposta a infeção e irritação. O diagnóstico de carcinoma de células escamosas da bexiga deve ser efectuado apenas quando o tumor é composto exclusivamente por um componente de células escamosas na ausência de um componente de carcinoma urotelial convencional (Vikram *et al,* 2009 e Haung *et al,* 2013). É mais comum em partes do mundo onde uma determinada infeção parasitária (esquistossomose) é uma causa prevalente de infeção da bexiga, especialmente nos países africanos. Na bexiga, a deposição de ovos *de Schistosoma* provoca habitualmente uma resposta inflamatória grave e fibrose que se associam ao desenvolvimento de cancro numa idade mais jovem e com uma predominância de CEC em relação aos casos negativos (Lagwinski *et al.*, 2009).

Os factores de risco que aumentam a probabilidade de CEC são: infeção por esquistossomose, irritação crónica, por exemplo, cateter de demora, cálculos vesicais, infeção crónica e BCG intravesical (Abdulamir *et al.*, 2009 e Makboul *et al.*, 2015). Está frequentemente presente numa fase avançada; no entanto, a cistectomia radical com dissecção de gânglios linfáticos parece oferecer um benefício significativo na sobrevivência num subconjunto de doentes (Yurdakul *et al.*, 2005 e Rambau *et al.*, 2013).

4.3 Adenocarcinoma

O adenocarcinoma da bexiga urinária começa nas células que constituem as glândulas secretoras de mucosa da bexiga, que representam 0,5 - 2,0 % de todos os tumores malignos da vesícula (Somak *et al.*, 2011). As variantes histológicas mostram uma morfologia glandular predominante do tipo colónico (entérico) com padrões histológicos variados. No entanto, na maioria dos casos, envolvem o trígono e a parede posterior da bexiga. Cerca de dois terços dos adenocarcinomas apresentam-se como lesões solitárias e discretas, ao contrário dos carcinomas uroteliais "habituais", que tendem a ser multifocais. Estes tumores surgem em doentes com uma longa história de cistite; a cistite glandular está frequentemente associada a esta lesão. Histologicamente, estes tumores assemelham-se ao carcinoma do cólon, e a maioria já invadiu o músculo no momento do diagnóstico inicial (Kapur *et al.,* 2011).

Capítulo 5. Epidemiologia e etiologia do cancro da bexiga

O cancro da bexiga é uma neoplasia maligna comum em todo o mundo que está associada a uma morbilidade e mortalidade significativas. Infelizmente, a taxa de incidência do cancro da bexiga continua a aumentar nos últimos 60 a 70 anos, especialmente nos países desenvolvidos, onde a industrialização levou à exposição a agentes cancerígenos, e representa o quarto cancro mais comum nos homens e o nono mais comum nas mulheres (Jemal *et al,* 2008).

Os homens têm 3 a 4 vezes mais probabilidades de desenvolver cancro da bexiga do que as mulheres, presumivelmente devido a uma maior prevalência do tabagismo e da exposição a toxinas ambientais (Griffiths, 2013). Embora a maioria dos doentes com cancro da bexiga seja diagnosticada com uma doença superficial, de baixo grau e não invasiva, pode muitas vezes ser tratada eficazmente, mas os cancros invasivos não só exigem uma cirurgia invasiva, como também são refractários à quimioterapia e à radioterapia agressivas (Rosenberg e Hahn, 2015).

A American Cancer Society previu que, em 2013, serão diagnosticados 72 570 novos casos de cancro da bexiga nos EUA e que 15 210 pessoas morrerão desta doença. A incidência do cancro da bexiga aumenta com a idade, sendo raramente diagnosticado antes dos 40 anos (Ferlay *et al,* 2010).

Um homem branco tem 3,7% de probabilidades de desenvolver cancro urotelial durante a sua vida, o que representa cerca de 3 vezes a probabilidade das mulheres brancas ou dos homens afro-americanos e mais de 4 vezes a probabilidade das mulheres afro-americanas (Siegel *et al.*, 2013). Além disso, o risco de desenvolver cancro da bexiga invasivo é dependente da idade para os homens desde o nascimento até aos 39 anos, a taxa de incidência de cancro da bexiga invasivo é de 0,02% para as idades 40 - 59 anos, 0,41% para as idades 60 - 69 anos, 0,96% para as idades 70 anos e 3,5% para mais velhos, e desde o nascimento até à morte é de 3,7%.A incidência de cancro da bexiga para as mulheres desde o nascimento até aos 39 anos é de 0.A incidência do cancro da bexiga para as mulheres desde o nascimento até aos 39 anos é de 0,1%; para as idades entre os 40 e os 59 anos é de 0,13%; para as idades entre os 60 e os 69 anos é de 0,26% para as idades de 70 anos e de 0,99% para as mais velhas; e desde o nascimento até à morte é de 1,17%, enquanto que, com base no relatório da Agência Internacional de Investigação sobre o Cancro, existem cerca de 386 000 novos casos de cancro urotelial da bexiga e 150 000 mortes por ano em todo o mundo (Hatina e Schulz, 2012 e Keymoosi *et al,* 2014).

A taxa de incidência do cancro da bexiga tem vindo a aumentar na Ásia e na Rússia devido a uma maior prevalência do tabagismo. Sessenta e três por cento de todos os casos de cancro da bexiga ocorrem em países desenvolvidos, sendo 55% na América do Norte e na Europa. O tipo de célula histológica do cancro da bexiga depende muito da localização geográfica, mas o cancro urotelial é o mais comum (Malats e Real, 2015). Na América do Norte e na Europa, 95 a 97% dos casos são de carcinoma urotelial, em África 60% a 90% são uroteliais e 10 a 40% são de células escamosas e o Egito tem a taxa mais elevada de carcinoma de células escamosas devido às infecções endémicas com espécies de *Schistosoma.* A taxa de mortalidade por cancro da bexiga no Egito é 3 vezes superior à da Europa e 8 vezes superior à da América do Norte devido à natureza agressiva do carcinoma de células escamosas que é altamente prevalente no Egito (Salem *et al.,* 2010).

No Irão, o cancro da bexiga é o terceiro cancro mais comum entre os homens e o nono mais comum entre as mulheres, com uma incidência de 13,03 e 3,32 por 100 000 habitantes entre homens e mulheres, respetivamente (Salehi *et al.,* 2011).

O cancro da bexiga no Iraque foi estudado por AL-Shwani, (2013) que constatou que a taxa de incidência está em constante aumento, sendo que 80% eram homens e 20% eram mulheres e a idade média para os homens era de 66,07 anos e para as mulheres era de 67,82 anos também, Al-Biaty, (2015) que relatou que 87,7% eram homens e 12,3% eram mulheres com uma idade média de 63 anos.

O cancro da bexiga é frequentemente descrito como um defeito de mudança de campo policlonal com recorrências frequentes devido a um elevado potencial de transformação maligna. No entanto, o cancro da bexiga também tem sido descrito como resultante da implantação de células malignas que migraram de um local previamente afetado. O cancro da bexiga é causado por anomalias genéticas e factores de risco externos (Chan *et al.,* 2009). As vias moleculares são provavelmente responsáveis pelo desenvolvimento de tumores da bexiga não invasivos e invasivos, por exemplo, mutações somáticas no recetor de crescimento de fibroblastos3 (FGFR-3) e na proteína supressora de tumores p53 (Tp53) em células tumorais que parecem ser eventos moleculares importantes e precoces nas vias não invasivas e invasivas, respetivamente (Madka *et al.,* 2013). As alterações no gene *TP53* são observadas em aproximadamente 60% dos cancros da bexiga invasivos. A sobrevivência sem progressão é significativamente mais curta em doentes com *mutações no gene TP53* e é um preditor independente de morte entre os doentes com cancro da bexiga músculo-invasivo. Além disso, existem vários polimorfismos que parecem estar relacionados com a formação de cancro da bexiga, em particular a suscetibilidade a carcinogéneos ambientais (Salinas-Sanchez *et al.,* 2008 e Ghafouri-Fard *et al.,* 2014).

Para além da pele e dos pulmões, a bexiga é o principal órgão interno afetado pelos carcinogéneos profissionais. Os carcinogéneos ambientais podem entrar no sistema e causar cancro da bexiga por inalação ou através da absorção cutânea. Até 80% dos casos de cancro da bexiga estão associados à exposição ambiental. Existem muitos factores de risco que estão fortemente associados ao cancro da bexiga, tais como

- **Fumar:** O consumo de tabaco é, de longe, a causa mais comum de cancro da bexiga. A duração e a intensidade do tabagismo estão diretamente relacionadas com o aumento do risco. O desenvolvimento de carcinoma da bexiga é 2-6 vezes maior nos fumadores do que nos não fumadores. Se uma pessoa fuma 1 a 9 cigarros versus mais de 21 cigarros por dia, o risco relativo de cancro da bexiga é de 1,5 versus 5,4, respetivamente (Figueroa *et al.,* 2014). Se uma pessoa fuma 1 a 10 anos versus mais de 40 anos, o risco relativo de cancro da bexiga é de 1,2 versus 3,0, respetivamente. Se uma pessoa fumar mais de 60 anos, tem um risco seis vezes maior de desenvolver cancro urotelial em comparação com um não fumador (Walsh *et al.,* 2012). O tipo de tabaco fumado parece estar associado à formação de cancro da bexiga devido aos diferentes agentes cancerígenos presentes no tabaco. O tabaco preto parece ser pior do que o tabaco louro devido à maior quantidade de aminas aromáticas, nitrosamina, 2-naftilamina e 4-aminobifenilo, que são possíveis agentes cancerígenos encontrados no fumo do cigarro (Freedman *et al.,* 2011).

- Presume-se que **a exposição profissional** a aminas aromáticas ou corantes de anilina seja a causa do cancro da bexiga em até 25% dos casos. Numerosas profissões associadas a gases de escape de gasóleo, produtos petrolíferos e solventes (por exemplo, trabalho em automóveis, condução de camiões, canalização, trabalho em couro e vestuário, trabalho em borracha e metal) também foram associadas a um risco acrescido de cancro da bexiga (Brown *et al.,* 2012). As pessoas que vivem em zonas urbanas também têm maior probabilidade de desenvolver cancro da bexiga. A etiologia nestes casos é considerada multifatorial, envolvendo potencialmente a exposição a numerosos agentes cancerígenos (Burger *et al.,* 2013).

- **Quimioterapia**: A quimioterapia destrói as células malignas causando danos significativos no ADN e nas células, mas também pode ter um efeito profundo no epitélio normal que se divide rapidamente, como é o caso da bexiga (Parkin, 2011). O único agente quimioterapêutico que comprovadamente causa cancro da bexiga é a ciclofosfamida. O risco de formação de cancro da bexiga está linearmente relacionado com a duração e a intensidade do tratamento com ciclofosfamida, o que apoia um papel causal (Siamak *et al,* 2015).

- **Radiação:** A questão dos segundos cancros após radiação terapêutica para uma grande variedade de neoplasias malignas está atualmente a receber uma atenção crescente, uma vez que é bem reconhecido que os doentes que recebem radioterapia têm um risco acrescido a longo prazo de desenvolver segundos cancros primários em comparação com os doentes que não recebem radioterapia (Romanenko *et al.,* 2003). A radioterapia tem sido associada a ocorrências de doenças malignas secundárias, incluindo leucemia, sarcomas, carcinoma da tiroide, carcinoma do pulmão e carcinoma da bexiga. Os casos de CBU diagnosticados após radioterapia prostática diferem em termos de histologia e comportamento biológico dos cancros da bexiga diagnosticados em doentes com cancro da próstata que não receberam radioterapia. A histologia destes casos mostra um tumor maligno indiferenciado que não se assemelha ao adenocarcinoma **da próstata**. Foi demonstrado que a radiação está associada à progressão de tumores uroteliais de baixo grau para tumores de alto grau e a uma taxa mais elevada de mutações P^{53} (Sountoulides *et al.*, 2010; Suriano *et al.*, 2013). Esses tumores secundários da bexiga induzidos pela radiação são geralmente agressivos e, por vezes, letais. A libertação de radioatividade após o acidente na central nuclear de Chernobyl mostra um aumento dos danos no ADN, dos mecanismos de reparação dos danos no ADN e das lesões da bexiga urinária, tendo a incidência de cancro da bexiga aumentado de 26,2 para 43,3 por 100 000 entre 1986 e 2001 (após o acidente de Chernobyl) (Ruben *et al*, 2008 e Kukreja *et al*, 2014).

- **Historial familiar**: Os familiares de primeiro grau de doentes com cancro da bexiga têm um risco duas vezes maior de desenvolverem eles próprios cancro urotelial, mas as famílias de alto risco de cancro urotelial são relativamente raras (Rachakonda *et al.*, 2013). O risco hereditário de formação de cancro da bexiga parece afetar todas as fases do carcinoma urotelial e não está associado à formação de cancro da bexiga numa idade mais precoce. Infelizmente, não existem padrões de hereditariedade mendeliana claros, o que impossibilita a realização de estudos clássicos de ligação (Wang *et al.*, 2009). Por vezes, os membros da família com cancro da bexiga foram todos expostos ao mesmo agente cancerígeno, outras vezes, todos eles podem ter determinadas anomalias genéticas associadas ao cancro da bexiga, como a transcriptase reversa da telomerase (TERT). As mutações do promotor foram associadas à recorrência, a mutação no gene do retinoblastoma (RB1), pode aumentar o risco de cancro da bexiga, bem como a mutação do p53 (Santos *et al*, 2014).

- **Bilharzíase urinária (esquistossomose)**: É uma doença parasitária causada por vermes chatos que vivem em água doce infestada de caracóis. É endémica em 74 países e afecta cerca de 200 milhões de pessoas em todo o mundo, causando cerca de 200 000 mortes por ano (Chistulo *et al.*, 2004*)*. A infeção crónica com *Schistosoma hematobium* leva à formação de células escamosas na bexiga. Os óvulos *de Schistosoma* depositam-se na parede da bexiga e produzem uma inflamação crónica que converte o urotélio num epitélio de células escamosas. O epitélio de células escamosas tem uma taxa de proliferação muito maior, e com a presença de inflamação crónica. Com o tempo, esta maior taxa de proliferação leva à formação de cancro (Botelho *etal,* 2011 e Honeycutt *etal.,* 2014). O mecanismo exato pelo qual os óvulos *de Schistosoma* podem causar carcinoma de células escamosas não é claro, mas suspeita-se de dois factores. Um é o aumento da taxa de proliferação, e o segundo é a inflamação crónica e a exposição a agentes ambientais. O aumento da proliferação do epitélio escamoso leva a um maior risco de alterações genéticas espontâneas que podem causar cancro. Os óvulos bilharziais depositados na bexiga provocam uma intensa reação inflamatória, para além dos agentes ambientais que combinados e associados à produção de radicais livres derivados do oxigénio podem induzir mutações genéticas ao gerarem substâncias genotóxicas na urina, como a A-lrntyLA-H-hychoxybutyl) nitrosamina que é um conhecido carcinogéneo do cancro da bexiga. Esta substância é gerada em níveis muito elevados na urina de pacientes cronicamente infectados com organismos *Schistosoma* (Abol-Enein, 2008, Salem *et al.,* 2010). A esquistossomose crónica conduz predominantemente a carcinoma de células escamosas em vez de carcinoma urotelial, sendo que 70% dos doentes infectados que desenvolvem cancro da bexiga têm carcinoma de células escamosas, embora muitos tenham cancro urotelial e de células escamosas (Botelho *et al.,* 2013). Os doentes com lesões da espinal medula também correm o risco de desenvolver carcinoma de células escamosas, muito provavelmente devido à irritação e infeção crónicas do cateter. Isto apoia o conceito de que a infeção crónica e os corpos estranhos podem levar à formação de cancro da bexiga (Filex *et al,* 2008; Levinson, 2010).

- Infecções das vias urinárias (ITU): Infeção do trato urinário (ITU): é uma infeção que envolve parte ou a totalidade do trato urinário e que continua a ser um problema de saúde comum e incómodo em muitos países de todo o mundo. Na maior parte dos hospitais, registam-se diariamente números muito elevados de ITU em diferentes idades e sexos. Estas infecções podem envolver a uretra, a bexiga, os ureteres, os rins e a próstata. O efeito da infeção depende da interação entre as bactérias e os mecanismos de defesa do hospedeiro (Josip, 2006; Wagner *et al.,* 2010 e Jasmina *et al.*, 2011). As causas mais importantes de ITU são representadas por bactérias Gram negativas pertencentes à família Enterobacteriacae, especialmente *Escherichia coli.* Embora *a E.coli* seja um componente importante da flora intestinal normal, é reconhecida como um agente patogénico oportunista muito ativo associado à ITU, porque *a E.coli* tem vários factores de virulência que contribuem para a sua patogenicidade. A distribuição dos factores de virulência também pode variar em função das caraterísticas do hospedeiro e do tipo de infeção. As ITU ocorrem geralmente como consequência da colonização da área periuretral por um organismo virulento que, subsequentemente, ganha acesso à bexiga (Jiang *et al.*, 2009; Kalpana *et al.*, 2010 e Fadhil *et al.*, 2013). Quase 95% dos casos de ITU são causados por bactérias que se multiplicam na abertura da uretra e viajam até à bexiga (conhecida como via ascendente). Muito menos frequentemente, as bactérias propagam-se para o rim a partir da corrente sanguínea. Um historial de infeção do trato urinário aumentou significativamente o risco de cancro da bexiga, sobretudo nos indivíduos que referiram três ou mais infecções. O risco de cancro da bexiga também aumentou significativamente no caso dos cálculos urinários (Sabate *et al.*, 2009).

As ITU podem prever um cancro da bexiga num estádio mais elevado e uma maior mortalidade entre os doentes mais velhos, o que parece atrasar o diagnóstico do cancro da bexiga em ambos os sexos, mas mais notoriamente nas mulheres (Arlene *et al.*, 2013).

Capítulo 6. Diagnóstico do cancro da bexiga

É utilizada uma história clínica completa para identificar potenciais factores de risco e os testes que o médico pode pedir para diagnosticar, de acordo com a American Cancer Society, o National Cancer Institute e a American Society of Clinical Oncology (ASCO) (Todenhoffer *et al.*, 2013; Hong e Zu, 2013 e Tadin *et al.*, 2014), que incluem

- **Lise da urina** para a deteção de hematúria microscópica.

- Pode ser feita **uma cultura de urina** para verificar se a causa é uma infeção (e não um cancro), porque as infecções e os cancros da bexiga podem causar sintomas semelhantes.

- **Teste de marcadores tumorais na urina**: diferentes testes de urina procuram substâncias específicas libertadas pelas células cancerosas da bexiga. Estas análises podem ser utilizadas juntamente com a citologia da urina para ajudar a determinar se uma pessoa tem cancro da bexiga.

- **Citologia da urina:** uma amostra de urina expelida da bexiga durante a micção é analisada ao microscópio para ver se contém células cancerosas ou pré-cancerosas, mas este teste não é perfeito. O facto de não se detetar um cancro neste exame nem sempre significa que a pessoa está livre de cancro.

- **Ultra-sons (ecografia)**: utiliza ondas sonoras para criar imagens dos órgãos internos. Pode ser útil para determinar o tamanho de um cancro da bexiga e se este se espalhou para além da bexiga para órgãos ou tecidos próximos. Também pode ser utilizada para examinar os rins.

- **Biópsias da bexiga**: as amostras de biópsia da bexiga são mais frequentemente obtidas durante a cistoscopia. Uma biopsia pode mostrar se existe cancro e qual o tipo de cancro da bexiga. Se for detectado cancro da bexiga, duas caraterísticas importantes são a sua invasividade e o seu grau (Cistoscopia**:** Um procedimento médico em que o urologista insere um tubo estreito através da uretra. Este tubo tem uma lente e um sistema de iluminação de fibra ótica que permite ao urologista ver o interior da uretra e da bexiga. Este procedimento é geralmente efectuado com anestesia local para maior conforto do doente. É o único procedimento que permite localizar um tumor e, em seguida, efetuar uma possível ressecção transuretral do tumor da bexiga (TURBT) por cistoscopia, como se mostra na figura (2).

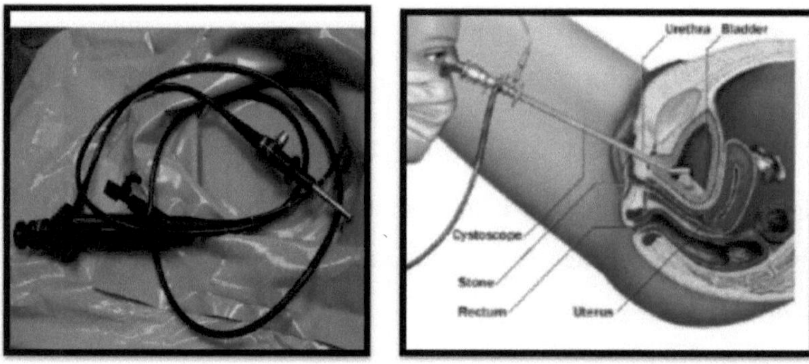

Figura (2): Ressecção transuretral de tumor da bexiga por cistoscopia

A biopsia pode mostrar a que profundidade o cancro invadiu (cresceu) a parede da bexiga, o que é muito importante para decidir o tratamento. O urologista passa o cistoscópio na bexiga e recolhe uma amostra de células, que serão biopsadas para determinar se existe cancro. A TURBT também pode ser utilizada para tratar o cancro da bexiga.

- **Pielograma intravenoso** (IVU): é uma radiografia do sistema urinário efectuada após a injeção de um corante especial numa veia. Este corante é removido da corrente sanguínea pelos rins e depois passa para os ureteres e a bexiga. O corante delineia estes órgãos nas radiografias e ajuda a detetar tumores do trato urinário.

- **Pielograma retrógrado**: Para este exame, é colocado um cateter (tubo fino) através da uretra e até à bexiga ou a um ureter. Em seguida, é injetado um corante através do cateter para facilitar a visualização do revestimento da bexiga, dos ureteres e dos rins nas radiografias. Este exame não é utilizado com tanta frequência como a punção intravenosa, mas pode ser feito (juntamente com a ecografia dos rins) para procurar tumores no trato urinário em pessoas que não podem fazer uma punção intravenosa por serem alérgicas a corantes de raios X.

- **O exame de tomografia computorizada (TC)** é conhecido como urograma de TC.

Pode fornecer informações detalhadas sobre o tamanho, a forma e a posição de quaisquer tumores no trato urinário, incluindo a bexiga. Pode ser utilizada em vez de uma IVP para observar a parte superior do sistema urinário. Também pode ajudar a detetar gânglios linfáticos aumentados que possam conter cancro, bem como outros órgãos do abdómen e da pélvis.

- **Exame de ressonância magnética (MRI):** Os exames de ressonância magnética fornecem imagens detalhadas de tecidos moles do corpo, mas os exames de ressonância magnética utilizam ondas de rádio e ímanes fortes em vez de raios X. A energia das ondas de rádio é absorvida e depois libertada num padrão formado pelo tipo de tecido do corpo e por determinadas doenças. Um computador traduz o padrão em imagens muito pormenorizadas de partes do corpo. As imagens de RM são particularmente úteis para encontrar sinais de que o cancro se espalhou para fora da bexiga, para tecidos ou gânglios linfáticos próximos. Pode ser utilizada uma RM especial dos rins, ureteres e bexiga, conhecida como urograma por RM, em vez de uma IVP.

Capítulo 7. Estadiamento e classificação do tumor da bexiga

A American Joint Commission on Cancer, em conjunto com o International Union Cancer Consortium, reúne-se regularmente para determinar as classificações de estadiamento do tumor, dos nódulos e das metástases (TNM). O "T" mais uma letra e/ou um número (0 a 4) são utilizados para descrever o tamanho e a localização do tumor. Os gânglios linfáticos próximos do local onde o cancro começou são designados por "gânglios linfáticos regionais". Os gânglios linfáticos noutras partes do corpo são designados por "gânglios linfáticos distantes" e o M indica se o cancro se espalhou para outras partes do corpo, o que se designa por metástases à distância) (Sobin *et al.,* 2009 e Edge *et al.,* 2010). O sistema de estadiamento de 2009 é apresentado na tabela (l). O estadiamento é uma forma de descrever onde o cancro está localizado, se ou onde invadiu ou se espalhou, e se está a afetar outras partes do corpo. A sua determinação baseia-se no exame da amostra removida durante uma TURBT (Descotes *et al.,* 2014). O cancro da bexiga inicial é também designado por "cancro da bexiga superficial" ou "cancro da bexiga não invasivo do músculo", que inclui o carcinoma urotelial papilar não invasivo (pTa), o carcinoma *in situ* (CIS) (pTis) e o tumor que invade a lâmina própria (pTl), enquanto o cancro da bexiga invasivo se espalhou para a camada muscular da bexiga ou através dela. O cancro pode ter-se disseminado para a camada muscular da bexiga (T2), ter crescido através da camada muscular (T3) e ter-se disseminado para a próstata, o útero ou a vagina, ou para a parede da pélvis ou da barriga (abdómen) (T4) ou ter-se disseminado para um gânglio linfático próximo (N1), como se mostra na Figura (1-2) (Cheng *et al.*,2009; Goodison *etal.* ,2013). No entanto, cerca de 60% a 70% destes tumores recidivam e 25% evoluem para um estádio ou grau superior. Embora muitos agentes químicos tenham demonstrado alguma evidência de atividade contra a recorrência tumoral, a sua toxicidade e eficiência incompleta limitaram a sua utilização como agentes de quimioterapia comuns. Estes factores realçam a urgência de novos agentes adjuvantes. Os produtos naturais, incluindo os provenientes de plantas e microrganismos, oferecem um grande potencial para a descoberta de medicamentos anticancerígenos (Yang *et al.,* 2015). Os médicos também descrevem o tipo de cancro pelo seu grau (G), que descreve o quanto as células cancerosas se parecem com células saudáveis quando vistas ao microscópio que compara o tecido canceroso com o tecido saudável. O tecido saudável contém normalmente muitos tipos diferentes de células agrupadas. Se o cancro tiver um aspeto semelhante ao tecido saudável e contiver diferentes agrupamentos de células, é designado por "diferenciado" ou "tumor de baixo grau". Se o tecido canceroso tiver um aspeto muito diferente do tecido saudável, é designado por "pouco diferenciado" ou "tumor de alto grau". A classificação do cancro da bexiga é importante para determinar a estratégia de tratamento adequada e prever os resultados. A maioria dos sistemas baseia-se no grau de anaplasia das células tumorais, ou seja, na perda de "diferenciação" celular, as caraterísticas distintivas de uma célula (Oosterhuis *et al.*, 2002; Lightfoot *etal.*, 2011; Anastasiadis e Reijke, 2012).

Tradicionalmente, os carcinomas da bexiga têm sido classificados de acordo com a classificação do papiloma urotelial da Organização Mundial de Saúde (OMS) de 1973: bem diferenciado (G1), moderadamente diferenciado (G2) ou pouco diferenciado (G3). Em 2004, a OMS e a Sociedade Internacional de Patologia Urológica (ISUP) publicaram um novo sistema de classificação que utiliza critérios citológicos e arquitectónicos específicos. A nova classificação da OMS distingue entre papiloma urotelial (lesão completamente benigna), neoplasia urotelial papilar de baixo potencial maligno (PUNLMP) e cancro de baixo e alto grau.

Tabela (1): Sistema de classificação TNM do cancro da bexiga (Walsh *et al.*, 2012)

Tumor primário (T)	
TX	**O tumor primário não pode ser avaliado**
T0	**Sem evidência de tumor primário**
Ta	**Carcinoma papilar não invasivo**
Tis	**Carcinoma in situ: "tumor plano"**
T1	**O tumor invade o tecido conjuntivo subepitelial**
T2	**O tumor invade a muscularis propria**
pT2a	**O tumor invade a Superficial Muscularis propria (metade interna)**
pT2b	**Tumor invade profundamente Muscularis propria (metade externa)**
T3	**O tumor invade o tecido perivesical**
pT3a	**Microscopicamente**

pT3b	Macroscopicamente (massa extravesical)
T4	O tumor invade qualquer um dos seguintes locais: estroma prostático, vesículas seminais, útero, vagina, parede pélvica, parede abdominal
T4a	O tumor invade o estroma prostático, o útero e a vagina
T4b	O tumor invade a parede pélvica, a parede abdominal
Gânglios linfáticos regionais (N)	
NX	Os gânglios linfáticos não podem ser avaliados
N0	Sem metástases nos gânglios linfáticos
N1	Metástases num único gânglio linfático regional na pélvis verdadeira (gânglio linfático hipogástrico, obturador, ilíaco externo ou pré-sacral)
N2	Metástases em múltiplos gânglios linfáticos regionais na pélvis verdadeira (metástases em gânglios linfáticos hipogástricos, obturadores, ilíacos externos ou pré-sacrais)
N3	Metástases linfáticas nos gânglios linfáticos ilíacos comuns
Metástases à distância (M)	
MO	Sem metástases à distância
Ml	Metástases à distância

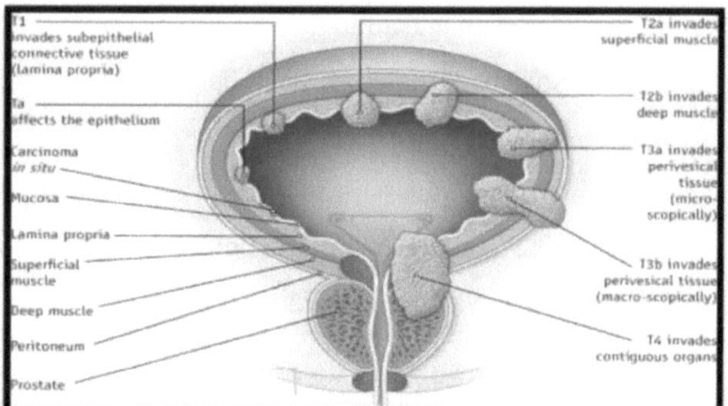

Figura (3): Estadiamento do tumor na bexiga humana (Cheng *et al.*, 2009)

As comparações entre os sistemas de classificação de 1973 e 2004 são apresentadas no quadro (2). De acordo com o American Joint Committee on Cancer (AJCC), o sistema de estadiamento e o sistema de classificação que incorporam uma série de descrições histológicas, tais como, mais recentemente, a classificação do cancro da bexiga em apenas duas categorias: 1) bem diferenciado ou de baixo grau, e 2) pouco diferenciado ou de alto grau (Colombel *et al.*, 2008 e Kenneth *et al,2009).*

Tabela (2): Classificação do tumor pela Organização Mundial de Saúde em 1973 e 2004

OMS 1973	OMS 2004
Papiloma urotelial lesão completamente benigna Grau 1: bem diferenciado Grau 2: moderadamente diferenciado Grau 3: pouco diferenciado	Papiloma urotelial lesão completamente benigna PUNLMP Carcinoma urotelial papilar de baixo grau Carcinoma urotelial papilar de baixo grau Carcinoma urotelial papilar de alto grau

PUNLMP = neoplasias uroteliais papilares de baixo potencial maligno

Capítulo 8. Citocinas

As citocinas representam uma grande família de moléculas proteicas que têm uma vasta gama de funções, incluindo interleucinas (ILs), interferões (IFNs) e membros da família dos factores de necrose tumoral (TNF) produzidos por uma grande variedade de células como macrófagos, linfócitos B, linfócitos T e mastócitos, bem como células endoteliais, fibroblastos e várias células estromais; uma determinada citocina pode ser produzida por mais do que um tipo de célula (Zhang e Jianxiong ,2009).

Citocina é um nome genérico; outros nomes incluem linfocina (citocinas produzidas por linfócitos), monocina (citocinas produzidas por monócitos), quimiocina (citocinas com actividades quimiotácticas) e interleucina (citocinas produzidas por um leucócito e que actuam sobre outros leucócitos) (Pollard, 2004;). Por conseguinte, pensa-se que a sinalização de citocinas está a contribuir para o tumor através de dois mecanismos: estimulação do crescimento celular e inibição da apoptose de células danificadas (Gilson *et al.,* 2015).

8.1 Interleucina -6

A interleucina-6 é uma glicoproteína com um peso molecular de 26 KDa. É composta por 184 aminoácidos. O gene humano da IL-6 está localizado no cromossoma 7p15-p21 e tem uma estrutura semelhante à do gene do fator estimulador de colónias de granulócitos, o que explica a semelhança funcional de ambas as citocinas (Tsui *et al.,* 2013). A IL-6 é produzida por muitos tipos de células diferentes e as principais fontes são os monócitos estimulados e, em menor percentagem, os fibroblastos, as células endoteliais, as células T e os linfócitos B, os granulócitos, as células musculares lisas, os eosinófilos, os osteoblastos, os mastócitos, as células gliais e os queratinócitos também produzem IL-6 após estimulação (Abdulmohymen e Ashoor, 2010).

O recetor de IL-6 é expresso em células T, células B activadas, monócitos periféricos e alguns macrófagos. Os estímulos fisiológicos para a síntese de IL-6 são IL-1, endotoxinas bacterianas, TNF (Lukaszewicz *et al.,* 2007). Também foi designada como fator estimulador das células β, interferão β2, fator de crescimento de hibridoma ou fator de crescimento da diferenciação de células T citotóxicas. A IL-6 é uma citocina multifuncional com efeitos pleiotrópicos (Mastorakos e Ilias, 2007). A sua importância reside na estimulação da diferenciação dos linfócitos B e na indução de uma diferenciação permanente dos linfócitos B em células plasmáticas que produzem diferentes classes de imunoglobulinas. A IL-6 estimula os linfócitos T para a produção de interleucina-2 (IL-2) e a síntese dos seus receptores. Tanto a IL-6 como a IL-1 activam igualmente os linfócitos T que reconhecem os antigénios e estimulam a proliferação e a diferenciação dos linfócitos citotóxicos na presença de IL-2. Assim, desempenha um papel importante na resposta imunológica (Chen *et al.,* 2013).

A IL-6 desempenha um papel importante na patogénese e no desenvolvimento de doenças malignas. Ajuda o tumor a crescer através da inibição da apoptose e da indução da angiogénese tumoral (Lee e Margel, 2011). A IL-6 pode estar envolvida na regulação do crescimento de tumores sólidos de forma parácrina e autócrina. A IL-6 contribui para a proliferação das células do cancro da bexiga e de outros cancros, especialmente os que se encontram em fase avançada de desenvolvimento, e as suas concentrações dependem do estádio do tumor e do grau histológico (Salgado *et al,* 2003 e McBeth *et al.,* 2015).

8.2 Interleucina-10

A IL-10 é também conhecida como fator inibitório da síntese de citocinas (CSIF) que funciona como mediador positivo ou negativo na imunidade inata e adaptativa em diferentes circunstâncias (Saraiva e O-Garra, 2010). A IL-10 é codificada por um gene localizado no cromossoma 1 e é produzida por numerosos tipos de células, incluindo células T (Th1, Th2 e Treg), células B, monócitos/macrófagos, queratinócitos e células epiteliais e liga-se ao seu recetor (IL-10R) expresso na superfície celular, que consiste em subunidades R1 e R2 (Chan *et al;* 2013). A IL-10 humana madura é uma molécula de 18KDa (160 aminoácidos) com um potencial local de glicosilação ligado ao N e quatro cisteínas que formam duas pontes dissulfureto intra-cadeia (Maynard *et al.,* 2007 e Luo *et al.,* 2012).

Foi demonstrado que a IL-10 inibe as respostas imunitárias celulares através de uma série de mecanismos. A IL-10 pode bloquear a acumulação de macrófagos e CD no local do tumor, regular negativamente a expressão de MHC de classe II nestas células, suprimindo assim a indução de respostas imunitárias específicas (Chaudhry *et al.*, 2011). Também foi relatado que as células T CD4+ na presença de IL-10 durante a ativação podem diferenciar células T reguladoras 1 (Tr1) que são responsáveis pela tolerância imunitária periférica induzida pela IL-10 (Cai *et al.*, 2007). Além disso, a IL-10 também pode impedir a libertação de citocinas (por exemplo, IFN-γ e TNF-α) e intermediários reactivos de azoto/oxigénio (por exemplo, NO) por macrófagos e células NK, inibindo assim as actividades inflamatórias e tumorais destas células (Tanikawa *et al.*, 2012). Além disso, a IL-10 também pode inibir o desenvolvimento e a progressão do cancro através dos seus efeitos reguladores na produção de citocinas inflamatórias, uma vez que a inflamação está frequentemente associada ao aumento da angiogénese e da invasividade do tumor. Assim, a IL-10 desempenha um papel duplo nas respostas imunitárias associadas ao tumor, quer promovendo respostas imunitárias antitumorais, quer mediando a fuga do tumor à vigilância imunitária (Mocellin *et al.*, 2005).

Foram observadas concentrações aumentadas de IL-10 e de outras citocinas Th2 (por exemplo, IL-13) na urina de doentes com cancro da bexiga e o rácio IL-6/IL-10 urinário pode ser útil como marcador prognóstico de recorrência em doentes com cancro da bexiga superficial de risco intermédio (Margel *et al.*, 2011). Os polimorfismos do gene da IL-10 no cancro da bexiga têm funções altamente complexas e coordenadas que podem levar a uma alteração da produção e da atividade desta citocina, afectando assim a suscetibilidade ao cancro da bexiga.

8.3Factor de necrose tumoral - α

O fator de necrose tumoral-α foi reconhecido em 1986. É codificado por um gene localizado no cromossoma 6p21.3. É sintetizado como um pró-peptídeo de 26 KDa (233 aminoácidos) ligado à membrana (pró-TNF-a) e secretado após clivagem pela enzima conversora de TNF-α (Rama *et al.*, 2012). A forma secretada do TNF-α é um 17 KDa solúvel (157 aminoácidos) que se liga a dois receptores na superfície celular: TNFRI (recetor P55) e TNFRII (recetor P75). É a citocina pró-inflamatória mais importante produzida principalmente pela ativação de macrófagos e diversos tipos de células, tais como neutrófilos, fibroblastos, mastócitos, eosinófilos, células NK, células T, neurónios durante a inflamação aguda e células tumorais, que é responsável por muitos eventos de sinalização dentro da célula, levando à necrose ou apoptose (Sun e Fink, 2007; Holla *et al.,* 2014).

Em contrapartida, os níveis de produção de TNF- α podem induzir um fenótipo tumoral. Um mecanismo de promoção tumoral do TNF-α que se baseia em espécies reactivas de oxigénio e espécies reactivas de azoto que podem induzir danos no ADN, facilitando assim a tumorigénese. A inflamação mediada por TNF-α tem sido associada ao cancro (Landskron *et al,* 2014). O TNF-α é um dos principais mediadores da inflamação e está ligado a todas as etapas envolvidas na tumorigénese: transformação celular, promoção, sobrevivência, proliferação, invasão, angiogénese e metástases. As células tumorais secretam o seu próprio TNF-α que aumenta ainda mais a expressão de outros factores de crescimento como o TGF-α e o recetor do fator de crescimento epidérmico (EGFR), ambos mediadores da proliferação (Thompson *et al.,* 2015).

8.4 Fator inibidor da migração de macrófagos

O fator inibitório da migração de macrófagos (MIF) é uma citocina pró-inflamatória que promove a tumorigénese, descoberta em 1966 (Shimizu, 2010). O gene *MIF* codifica um polipéptido de 12,5 kDa e a proteína é constituída por 115 aminoácidos que se encontram no cromossoma 22q11.2 e a regulação do gene é feita por dois locais polimórficos na região promotora: o primeiro local consiste na repetição CATT em -794 que se repete 5-8 vezes e o segundo local é um polimorfismo de nucleótido único em -173(G/C) (Yuan *et al.,* 2013). Este local está associado a uma maior atividade promotora em algumas linhas celulares cancerosas e a atividade aumentou proporcionalmente os níveis de MIF no soro (Xue *et al.,* 2010; Spoorthy *et al.,* 2012). Pensa-se que o MIF inibe a migração dos macrófagos, daí o seu nome, e ajuda os macrófagos nas suas funções, como a fagocitose, a adesão, a disseminação e o metabolismo. Pensa-se que o MIF é libertado dos monócitos/macrófagos na presença de glucocorticóides, que actuam como mediadores inflamatórios para estimular a expressão de outras citocinas como o TNF-α, a IL-1 e a IL-6 (Bucala e Donnelly, 2007 e Grieb *et al.,* 2010). O seu recetor de ligação foi recentemente identificado pela clonagem de expressão como CD74, que é a forma de superfície celular da cadeia invariante MHC classe II que a transdução de sinal requer o recrutamento e a ativação de uma proteína adicional CD44 (Zheng, 2012).

O MIF, para além de estar envolvido nas fases do cancro, tem o potencial de suprimir o gene supressor de tumores p53, conduzindo assim a um crescimento celular descontrolado que se sobre-expressa sob hipoxia (a hipoxia é uma condição em que existe uma baixa disponibilidade de oxigénio para as células quando as células estão sob stress, adaptam-se a essa condição e continuam com a proliferação). Desempenha um papel importante no tumor e também é regulada positivamente. Há um aumento da expressão das metaloproteinases da matriz (MMPs) que degradam a membrana basal e as células tumorais entram na circulação sanguínea quando recebem factores de homing adequados, estabelecem tumores secundários em diferentes órgãos interagindo com os factores de homing. A expressão de MIF é diretamente proporcional à expressão de MMPs (Choudhary *et al.,* 2013; Knowles e Hurst 2015).

Capítulo 9. Polimorfismo do gene MIF e cancro da bexiga

Um polimorfismo de ADN é uma diferença na sequência de nucleótidos entre indivíduos da mesma espécie. Estas diferenças podem ser alterações de um único par de bases, deleções, inserções ou mesmo alterações no número de cópias de uma determinada sequência de ADN. Os SNP (polimorfismos de nucleótido único) são o tipo mais comum de polimorfismo do ADN nos seres humanos. Um exemplo de um SNP seria se um nucleótido de citosina (C) estivesse presente num determinado locus no ADN de uma pessoa, mas um nucleótido de timina (T) ocorresse no mesmo locus no ADN de outra pessoa. Uma variante polimórfica de um gene pode levar à expressão anormal ou à produção de uma forma anormal do gene, o que pode causar ou estar associado a uma doença (Kwok e Chen, 2003 e Cardiol, 2014).

O cancro resulta de uma série de alterações genéticas que conduzem a uma perturbação progressiva dos mecanismos normais que controlam o crescimento, a diferenciação, a morte celular ou a instabilidade genómica. A resposta da célula à lesão genética e a sua capacidade de manter a estabilidade genómica através de uma variedade de mecanismos de reparação do ADN são essenciais para evitar o início e a progressão do tumor (Hosgood *et al.,* 2008).

Verificou-se que os polimorfismos de vários genes relacionados com a reparação do ADN e de alguns genes de citocinas estão associados ao risco de desenvolvimento de diferentes tipos de tumores. Os alelos polimórficos dos genes do ADN predisporiam os portadores a um maior risco de desenvolver cancro, mas não causariam necessariamente cancro. Por conseguinte, a possível interação gene-gene e a interação gene-fator de risco podem desempenhar um papel importante na modificação do risco de cancro associado a um determinado polimorfismo genético em diferentes populações estudadas (Michiels *et al.,* 2009 e Wu e Shen, 2011). As sequências nucleotídicas dos ADN nos seres humanos não são idênticas nos diferentes indivíduos. Estima-se que ocorram substituições de nucleótidos a cada poucas centenas de pares de bases no genoma humano. O polimorfismo da sequência de nucleótidos foi detectado como polimorfismo de comprimento de fragmentos de restrição (RFLP)

(Orita *et al.,* 1989). Embora os RFLP sejam muito úteis para distinguir dois alelos em loci cromossómicos, só podem ser detectados quando estão presentes polimorfismos de ADN nas sequências de reconhecimento das endonucleases de restrição correspondentes ou quando está presente a deleção ou inserção de uma sequência curta na região detectada por uma determinada sonda. Nos últimos anos, foram identificados vários polimorfismos funcionais, em particular SNPs, em citocinas e nos seus genes receptores que regulam os níveis de expressão de citocinas (Birdsell *et al.,* 2012). Estes têm sido implicados como marcadores de prognóstico imunológico em doenças, incluindo a resposta diferencial à terapia e como biomarcadores do resultado do enxerto após o transplante de órgãos e células estaminais. A distribuição populacional dos polimorfismos dos genes das citocinas (CGP) revela variações significativas nas frequências alélicas em diferentes grupos étnicos, o que pode explicar, em certa medida, as diferenças observadas nas associações de SNP com várias doenças e patologias imunitárias (Kaur e Mehra, 2012 e Berno *et al,*

2013) .

Capítulo 10. CD74

O CD74 é uma proteína de membrana integral com um peso molecular de 33KD, constituído por 296 aminoácidos. O seu gene está localizado no cromossoma 5q32. Existem quatro isoformas principais desta proteína nos seres humanos e a isoforma mais comum de CD74 é a isoforma p33. A CD74 é expressa principalmente em células apresentadoras de antigénios, células endoteliais e células da neuroglia (Shachar e Haran, 2011 e Stariets *et al.,* 2015). O agrupamento de diferenciação 74 desempenha múltiplos papéis nas células B, nas células T e nas células apresentadoras de antigénios no sistema imunitário. Tem duas funções principais:

- **Chaperona do MHC II**: É uma apresentação restrita de antigénios, incluindo a prevenção da ligação do MHC de classe II a péptidos não processados e a auto-antigénios. O CD74 foi inicialmente descrito como uma chaperona molecular para regular a dobragem do MHC de classe H no retículo endoplasmático rugoso (ER), onde se pensava que desempenhava um papel importante no processamento e transporte de moléculas MHC de classe II no sistema imunitário. A ausência de CD74 resulta num processamento aberrante de antigénios dependente do MHC de classe II e perturba as defesas do hospedeiro (Stumptner *et al.*, 2002).

- **CD74 como recetor de superfície celular**: Uma pequena proporção de CD74 é modificada pela adição de sulfato de condroitina (CD74-CS), e esta forma de CD74 é expressa na superfície celular. A expressão de CD74 na superfície celular não é estritamente dependente do MHC de classe II e numerosas células positivas não pertencentes à classe II expressam CD74, onde pode servir como um recetor para o início de diferentes cascatas de sinalização (Binsky *et al.,* 2007). O MIF liga-se ao domínio extracelular do CD74 com elevada afinidade e inicia uma cascata de sinalização. O CD74 forma um complexo com o CD44, que é essencial para a cascata de sinalização induzida pelo MIF (Richard *et al.,* 2014).

O CD74 foi descrito como uma molécula de sinalização acessória nos cancros devido à sua localização na membrana plasmática em determinados tipos de células e ao seu papel como recetor de ligação à superfície para o MIF, uma citocina pró-inflamatória. De facto, é agora geralmente aceite que o papel oncogénico de CD74 é dependente de MIF, CD74 promove a proliferação e motilidade das células e previne a morte celular de uma forma dependente do fator inibidor da migração de macrófagos (Liu e Lin, 2014). O seu papel é o de um recetor de sinal acessório na superfície celular e tem a capacidade de interagir com outras moléculas de sinalização, o que torna o CD74 um alvo terapêutico atraente para o tratamento do cancro. Na bexiga, a sua expressão está aumentada no carcinoma invasivo de alto grau da bexiga. A sua expressão está significativamente associada à idade mais avançada no momento do diagnóstico A sobreexpressão de CD74 no espaço intracelular e na superfície celular pode prejudicar a apresentação de antigénios MHC de classe II pelas células tumorais, contribuindo assim para o escape imunitário e facilitando a metástase tumoral (Choi *et al.,* 2013).

Capítulo 11. CD 44

A CD44 é uma glicoproteína transmembranar que se postula desempenhar um papel importante numa variedade de processos biológicos em tecidos saudáveis e doentes. O gene que codifica a CD44 está localizado no cromossoma 11p3 e é constituído por, pelo menos, 21 exões. A molécula CD44 é constituída por três epítopos centrais codificados por dez exões, com splicing alternativo do ARNm dos restantes exões, gerando múltiplas isoformas.

A forma padrão de CD44 (CD44s) é expressa em quase todas as células e é fortemente glicosilada, enquanto as isoformas variantes são expressas de forma específica para células e tecidos (Ross *et al.,* 2001; Chang *et al.,* 2009). As modificações pós-traducionais, como a glicosilação e o splicing alternativo, aumentam ainda mais a diversidade da função das isoformas especiais de CD44 (Matuschek *et al.,* 2014 e Stepan *et al.,* 2015).

O CD44 é um antigénio de superfície celular amplamente expresso que serve como molécula de adesão nas interações célula-célula e célula-matriz (Liao *et al,* 2014). A expressão do gene CD44 torna-se desordenada nas fases iniciais da carcinogénese, e quantidades excessivas de muitas variantes inadequadas de CD44 com splicing alternativo acumulam-se nas células cancerígenas, o que promove vias de sinalização que induzem o crescimento do tumor, a sobrevivência, bem como a invasão das células cancerígenas (Erdogan *et al.,* 2008 e Wakamatsu *et al.,* 2012).

Em muitos tumores epiteliais, a expressão de CD44 está correlacionada com a progressão do tumor, o potencial metastático e o prognóstico do doente. Nos cancros uroteliais, as expressões fortes estão associadas a uma histologia bem diferenciada e as expressões negativas predominantemente fracas são encontradas em cancros da bexiga invasivos e pouco diferenciados (Goodison *et al.,* 1999). Para além das expressões de CD44 e das suas formas variantes em tecidos de carcinoma urotelial, a deteção de níveis elevados de proteína CD44 em células uroteliais esfoliadas na urina pode ser utilizada para identificar tumores uroteliais primários e recorrentes (Yildrim *et al.,* 2014*)*.

Capítulo 12. P^{53} (Proteína supressora de tumores)

O gene supressor de tumores P^{53} é conhecido como o "guardião do genoma", localizado no cromossoma 17p13, que codifica a proteína p^{53} de tipo selvagem, constituída por 393 aminoácidos. Esta proteína tem um papel na paragem do ciclo celular após apoptose, danos no ADN e regulação do ponto de controlo mitótico (Wiman, 2007). Por outras palavras, este gene desempenha um papel importante no controlo da proliferação celular. Nas células normais, é fortemente suprimido por Mdm2, que inibe a atividade de p^{53} degradando-o quando o ciclo celular detecta uma incompatibilidade do ADN. A extremidade terminal N da p^{53} é fosforilada, separando a p^{53} do Mdm2 e desempenhando a sua função (Girardini *et al.*, 2014). Na célula, a proteína p^{53} liga-se ao ADN, que por sua vez estimula outro gene a produzir uma proteína chamada p^{21} que interage com uma proteína estimuladora da divisão celular (cdk2). Quando a p^{21} está complexada com a cdk2, a célula não consegue passar à fase seguinte da divisão celular (Grivennikov *et al.*, 2010).

As mutações genéticas têm como resultado a produção de uma proteína alterada com uma função alterada. Estas proteínas alteradas não desempenham corretamente o seu papel e têm um tempo de meia vida prolongado (Siegel *et al.*, 2012). As mutações de p^{53} estão entre os eventos causais mais frequentes em muitos cancros, e a sua inativação combinada tem consequências profundas na tumorigénese do cancro invasivo da bexiga (Green e Kroemer, 2009e Hai-Bin *et al*, 2013).

Existem estudos suficientes que provam que a acumulação nuclear da proteína p^{53} é um indicador prognóstico importante para a progressão do cancro da bexiga. A proteína p^{53} mutante já não consegue ligar-se ao ADN de forma eficaz e, consequentemente, a proteína p^{21} não está disponível para atuar como "sinal de paragem" da divisão celular (Takimoto *et al.*, 2002 e Madka *et al.*, 2013), pelo que as células se dividem de forma descontrolada e formam tumores. Por conseguinte, o p^{53} é um dos genes mais importantes relacionados com o cancro e a sua mutação tem sido relatada numa variedade de cancros (Noroozinia *et al.,* 2015). Ao perder a via apoptótica e os pontos de controlo do ciclo celular, verificou-se que o gene supressor de tumores p^{53} está mutado em mais de 50 % dos cancros humanos. A anomalia deste gene desempenha um papel fundamental no desenvolvimento e na progressão do tumor (Olsson *et al.,* 2012).

Capítulo 13. P^{21} (Inibidor da quinase dependente da ciclina).

Esta proteína é codificada pelo gene *CDKN1A* localizado no cromossoma 6p21.2 nos seres humanos. O seu papel é o de inibidor da proliferação celular em resposta a danos no ADN. Liga-se à atividade da quinase dependente da ciclina e inibe-a, impedindo a fosforilação de substratos críticos da quinase dependente da ciclina e bloqueando a progressão do ciclo celular. A expressão deste gene é fortemente controlada pela proteína supressora de tumor p^{53}, através da qual esta proteína medeia a paragem da fase G1 do ciclo celular dependente de p^{53} em resposta a uma variedade de estímulos de stress (Harper *et al.*, 2010 e Tang *et al.*, 2015) . Por vezes, a p^{21} é expressa sem ser induzida pela p^{53}. Este tipo de indução desempenha um papel importante na diferenciação independente da p^{53}, que é promovida pela p^{21}. A expressão de p^{21} depende principalmente do estímulo fornecido e do tipo de célula. A paragem do crescimento pela p^{21} pode promover a diferenciação celular. Por conseguinte, a p^{21} impede a proliferação celular (McKenzie *et al.*, 2003)

O gene p^{21} foi expresso numa variedade de doenças malignas humanas e está correlacionado com a progressão do tumor e um mau prognóstico em vários carcinomas. Foi relatado que a alteração do gene supressor de tumor p^{21} está associada à progressão do cancro da bexiga. O gene p^{21} é um preditor independente do tempo até à recorrência e da sobrevivência global e actua em sinergia com o gene p^{53}, estando associado ao risco de cancro da bexiga e à morte (Duggan e Williamson, 2004). As alterações na função de p^{53} podem resultar na perda de expressão de p^{21} e podem ser um dos mecanismos pelos quais a alteração de p^{53} influencia a progressão do tumor. Apesar da regulação pelo gene supressor de tumor p^{53}, as mutações de perda de função em p^{21} (ao contrário de p^{53}) não se acumulam no cancro nem predispõem à incidência de cancro (Kausch, 2002 e Resnick *et al*, 2013).

Referências

-A-

• Abbas, T. e Dutta, A. (2010). P^{21} no cancro: Intricate Networks and Multiple Activities (Redes intrincadas e actividades múltiplas). *Nat Rev Cancer,* 9(6): 400-414.

• Abdulamir, A.; Hafidh , R.; Kadhim, H. e Abubakar, F. (2009). Marcadores tumorais do cancro da bexiga: The Schistosomal Bladder Tumors versus non-schistosomal Bladder Tumors. *J Exp Clin Cancer Res.,* 28(1):1-14.

• Abdulmohymen, N. e Ashoor, Z. (2010). Nível sérico de interleucina-6 utilizando ELISA em doentes com cancro da bexiga e com infeção do trato urinário. Iraqi J. Comm. Med., 4:251-256.

• Abol-Enein, H. (2008). Infeção: Is It a cause of Bladder Cancer? Scandinavian Journal of Urology and Nephrology, 42(s218): 79 -84.

• Al-Biaty, H. (2015). Estudo dos receptores do tipo Toll (TLR-2 e 4) e biomarcadores selecionados em doentes com cancro da bexiga. Tese de doutoramento, Faculdade de Medicina. Universidade de Al-Mustansiriya.

• Al-Shwani, M.(2013).Tratamento transuretral do cancro da bexiga (2003-2008) no Departamento de Urologia, Hospital Universitário de Azadi na cidade de Kirkuk, Iraque. Jornal Médico de Tikrit, 19(1):159-163.

• Anastasios, A. e Reijke, T. (2012). Melhores práticas no tratamento do cancro da bexiga invasivo não muscular. Avanços Terapêuticos em Urologia, 4(1) :13-32.

• Arlene, F.; Hartge,P.; Hoover,R.; Narayana, A.; Sullivan, J. e Fraumeni, J. (2013). Infeção do trato urinário e risco de câncer de bexiga. Am. J. Epidemiol. , 119 (4):510-515.

-B-

• Bangma, C.; Loeb, S. e Busstra, M. (2013). Resultados de um programa de rastreio do cancro da bexiga utilizando testes de hematúria em casa e marcadores moleculares. Eur Urol, 64: 41-47.

• Berno, G.; Zaccarelli, M.; Gori, C.; Tempestilli, M.; Antinori, A.; Perno,L.; Pucill C.; e D'Arrigo, R. (2014). Análise de polimorfismos de nucleotídeo único (SNPs) nos genes CYP3A4 e CYP3A5 humanos: Implicações Potenciais para o Metabolismo dos Medicamentos para o VIH. BMC Medical Genetics, 15(76):1-7.

• Binsky, I.; Haran, M.; Starlets, D.; Gore, Y.; Lantner, F.; Harpaz, N.; Leng, L.; Goldenberg, D.; Shvidel, L.; Berrebi ,A.; Bucala, R. e Shachar, I. (2007). IL-8 Secreted in a Macrophage Migration Inhibitory Fator- and CD74-Dependent Manner regula a sobrevivência da leucemia linfocítica crónica de células B. Proc Natl Acad Sci 14;104(33):13408-413.

• Birdsell, D. N.; Pearson, T.; Price, E. P.; Hornstra, H. M.; Nera, R. D e Stone, N. (2012). Análise de fusão de ensaios de mutação de amplificação de incompatibilidade (MeltMAMA): Um estudo funcional de um ensaio de genotipagem de SNP com boa relação custo-benefício em modelos bacterianos. PloS One, 7(3): e32866-e32872.

• Botelho, M.; Veiga, I.; Oliveira, P.; Lopes, C.; Teixeira, M.; Dacosta, J. e Machado, J. (2013). Capacidade carcinogénica do *Schistosoma haematobium* possivelmente através da mutação oncogénica do gene KRAS. Adv Cancer ResTreat. 90(4): 448453.

• Botelho, M.; Machado, J.; Brindley, P. e Correia da Costa, J. (2011). Direcionamento das vias de sinalização molecular da infeção por *Schistosoma haematobium* no cancro da bexiga.Virulence, 2(4):267-279.

• Brown,T.; Slack, R. e Rushton, L. (2012). Grupo de estudo britânico sobre o peso do cancro profissional. Cancro do Trabalho na Grã-Bretanha. Cancros do trato urinário: bexiga e rim. Br J Cancer, 107 (1): 76-84.

• Brumatti, G.; Salmanidis, M. e Ekert, P. (2010). Interações entre a maquinaria de morte celular e os sinais de sobrevivência do fator de crescimento. Cell Mol Life Sci., 67(10): 16191630.

• Bryan, R. (2011). Cancro da bexiga e células estaminais cancerígenas: Ciência básica e implicações para a terapia. Jornal Científico Mundial, 11: 1187-1194.

• Bucala,R. e Donnelly, S. (2007). Fator Inibidor da Migração de Macrófagos: A probable Link between Inflammation and Cancer. Immunity, 26:281-285.

• Burger, M.; Catto, J.; Dalbagni, G.; Grossman, H.; Herr, H.; Karakiewicz, P.; Kassouf, W.; Kiemeney, L.; La Vecchia, C.; Shariat, S.e Lotan, Y. (2013). Epidemiologia e factores de risco do cancro da bexiga urotelial Eur Urol, 63(2):234-241.

-C-

• Cai, T.; Mazzoli, S.; Meacci, F.; Tinacci, G. e Nesi, G. (2007). Interleukin-6/10 Ratio as a Prognostic Marker of Recurrence in Patients with Intermediate Risk Urothelial Bladder Carcinoma. J. Urol, 178:1906-1911.

• Cardiol, R.(2014).Polimorfismo de genes em humanos. Human Gen., 22(1):1-12.

• Cha, E., Tirsar, L.; Schwentner, C.; Christos, P.; Mian, C. e Hennenlotter, J. (2012). A imunocitologia é um forte preditor da presença de cancro da bexiga em doentes com hematúria indolor: um estudo multicêntrico. *Eur Urol.;* 61(1): 185-192.

• Chan, C.; John, S. e Abraham, S. (2013). A interleucina-10 de mastócitos conduz a tolerância localizada na infeção crônica da bexiga. Immunity, 10(16):10-19.

• Chan, K.; Espinosac , L.; Chaoa, M.; Wongd, D.; Aillesa, L.; Diehna, M. e Gi,H. (2009). Identificação, Caracterização Molecular, Prognóstico Clínico, e Direcionamento Terapêutico de Células Iniciadoras de Tumores da Bexiga Humana. PNAS. 106 (3): 14016 -14021.

• Chang, Y.; Pang, S.; Chuang, K.; Wu, C.; Tai-Jung, C. e Chuang, C. (2009). Baixos níveis séricos de proteínas solúveis CD44 em pacientes com cancro da bexiga avançado. JUTA, 20 (2):79-82.

• Chaudhry,A.; Samstein, R.;Treuting, P.; Liang, Y.; Pils, M.; Heinrich, J. e Jack,R. (2011).Interleukin-10 Signaling in Regulatory T Cell is Required for Suppression of Th-17 Cell-mediated Inflammation. Immunity, 34:566-578.

• Chen, Z.; Zhou, W.; Dai, M. e Jin, W. (2013). Associação entre os polimorfismos de interação da interleucina-10 e o tabagismo em doentes com risco de cancro da bexiga a partir de um estudo de caso-controlo. Zhonghua Liuxingbingxue Zazhi ,

34(2):183-186.

• Chen, M.; Lin, P.; Wu,C.; Chen,W. e Wu,C. (2013). A expressão de IL-6 regula a tumorigenicidade e se correlaciona com o prognóstico no câncer de bexiga. PLoS One; 8(4): 1-10.

• Cheng, L.; Montironi, R.; Davidson, D. e Lopez-Beltran, A. (2009). Staging and Reporting of Urothelial Carcinoma of the Urinary Bladder (Estadiamento e notificação do carcinoma urotelial da bexiga urinária). *Modern Pathology,* 22(1): S70-S95.

• Chistulo, L.; Loverde, P. e Engles,D. (2004). Schistosomiasis. Nat Rev Microbiol . 2: 12-23.

• Choi, J.; Kim,Y.; Lee , J. e Kim, Y. (2013). A expressão de CD74 está aumentada no Carcinoma Urotelial Invasivo de Alto Grau da Bexiga. Jornal Internacional de Urologia, 20: 251-255.

• Chokalingam , V.; Tel., J.; Wimmers, F.; Liu.,X.; Semenov, S.; Thiele, J.; Fidgor, C. e Huck,W. (2013).Probing Cellular Heterogeneity in Cytokine Secreting Immune Cells using Droplet- based Microfluids . Lab Chip, 24:4740-4744.

• Colombel, M.; Soloway, M.; Akaza, H.; Andreas ,B.; Palou , J.; Buckley , R.; Lamm , D.; Brausi , M.; Witjes , A. e Raj, P. (2008). Epidemiologia, estadiamento, classificação e estratificação do risco do cancro da bexiga. Suplementos Europeus de Urologia, 7 :618- 626

-D-

• Darwiche, F.; Parekh, D. e Gonzalgo, M. (2015). Biomarcadores para o cancro da bexiga não invasivo do músculo: Testes actuais e promessa futura. Indian Journal of Urology, 31(4): 273-282.

• Davies,B (2003). Produtos genéticos envolvidos na Metástase do Cancro da Bexiga. Histol Histopathol, 18: 969-980.

• Descotes, F.; Dessen, P.; Bringuier, P.P.; Decaussin, M.; Martin, P.M.; Adams, M.; Villers, A.; Lechevallier, E.; Rebillard, X. e Rodriguez-Lafrasse, C.(2014). O perfil de expressão gênica de microrray e a análise do câncer de bexiga suportam a subclassificação de tumores T1 em estágios T1a e T1b. BJU Int., 113, 333-342.

• Dranoff, G. (2004).Cytokines in Cancer pathogenesis and Cancer Therapy. Nat Rev Cancer, 4:11-22.

• Duggana, B. e Williamson, K. (2004). Molecular Markers for predicting Recurrence, progression and outcomes of Bladder Cancer (do the poster boys need new posters?). Curr Opin Urol, 14:277-286.

-E-

• Edge, S.; Byrd, D.; Compton, C.; Fritz, A.; Greene, F. e Trotti, A. (2010). Manual de Estadiamento do Cancro da AJCC: o Manual de Estadiamento do Cancro da AJCC. 7[th]ed. Nova Iorque, NY: Springer-Verlag; pp.497-505.

• Erdogan,G.; Kugukosmano,I.; Akkaya,B.; Koksal,T. e Karpuzoglu, G. (2008).CD44 and MMP-2 Expression in Urothelial Carcinoma. Turkish Journal of Pathology, 24(3):147-152.

-F-

• Fadhil, A.; AlChalabi, R. e AlAmery,H. (2013). O Efeito do Extrato Aquoso de Aillum Sativum (Alho) em Bactérias Uropatogénicas Gram Negativas Isoladas de Crianças Hospitalizadas. Journal of Cell & Plant Sciences, 4(1):1-5.

• Felix, A.; Soliman, A. e Khaled, H. (2008). A mudança dos padrões do cancro da bexiga no Egito ao longo dos últimos 26 anos. Cancer Causes Control, 19: 421 -429.

• Ferlay, J.; Shin, H. e F., Bray F (2010). Estimativas da carga mundial de cancro em 2008: Globocan 2008. *Int J Cancer,* 127, 2893-2917.

• Figueroa , J.; Han, S.; Garcia-Closas, M.; Baris, D.; Jacobs, E.; Kogevinas, M.; Schwenn, M.; Malats, N. e Johnson, A. (2014). Estudo de interação em todo o genoma do risco de fumar e câncer de bexiga. Carcinogénese, 35(8): 1737-1744.

• Freedman, N.; Silverman, D.; Hollenbeck, A.; Schatzkin, A. e Abnet, C. (2011).Association between Smoking and Risk of Bladder Cancer among Men and Women. JAMA, 306(7):737-45.

-G-

• Ghafouri-Fard, S.; Nekoohesh , L. e Motevaseli,M. (2014). Biomarcadores do cancro da bexiga: Revisão e Atualização. Asian Pac J Cancer Prev. 15 (6), 2395-2403.

• Gilson, P.; Dorneles, D.; Haddad, O.; Fagundes, V.; Bruna ,K.; Vargas, A.; Kloecker, P e Romão,R. (2015). O Exercício Intervalado de Alta Intensidade diminui a IL-8 e aumenta a citocina imunomoduladora Interleucina-10 em indivíduos obesos magros e com excesso de peso- . *Cytokine,* 77(1): 1-9.

• Girardini, J.;Walerych, D. and Sal, D. (2014).Cooperation of p53 Mutations with other Oncogenic Alterations in Cancer. Subcell Biochem. ; 85:41-70.

• Goodison, S.; Urquidi, V. e Tarin,D. (1999). Moléculas de adesão celular CD44. Mol Pathol .,52:189-196.

• Goodison, S.; Rosser, C. e Urquidi,V. (2013). Deteção e monitorização do cancro da bexiga: Avaliação de testes de marcadores baseados na urina e no sangue. Molecular Diagnosis Therpy, 17 (2):71-84.

• Grapsa, D.; Dokou, A.; Tsokanou-Kouli, V.; Kaltsas, S.; Eleftheria, D.; Trigidou, R. e Politi,E. (2014). Expressão Imuno-histoquímica das Proteínas p53, p63, c-myc, p21WAF1/cip1 e p27kip1 no Carcinoma Urotelial da Bexiga: Correlação com os parâmetros Clinicopatológicos. JBUON ., 19(4): 1121-1124.

• Green, D. e Kroemer, G. (2009). Funções citoplasmáticas do supressor de tumores p53. *Nature,* 458:1127-1130.

• Grieb , G.; Merk, M.; Bernhagen, J. e Bucala,R. (2010). Fator inibidor da migração de macrófagos (MIF): um biomarcador promissor. Drug News Perspect; 23(4): 257264.

• Griffiths, T.R. (2013). Perspectivas actuais na gestão do cancro da bexiga. Int J Clin Pract, 67: 435-48.

• Grivennikov, S.; Florian, R.; Greten, Y. e Karin, M.(2010).Immunity, Inflammation, and Cancer. Cell 140: 883-899.

-H-

- Hai-Bin, Z.; Yang, K.; Xie, Y.;Lin, Y.; Mao,Q. e Xie, L. (2013). O silenciamento do p53 mutante por siRNA induz a parada do ciclo celular e a apoptose em células de câncer de bexiga humana. Jornal Mundial de Oncologia Cirúrgica, 11(22):11-29.

- Harper, J.; Adami , G.; Wei, N.; Keyomarsi, K. e Elledge, S. (2010). "A proteína Cip1 que interage com o p21 Cdk é um potente inibidor das cinases dependentes de ciclina G1". *Cell* 75(4): 805-16.

- Hatina, J. e Schulz, W. (2012). Células-tronco na biologia do urotélio normal e do carcinoma urotelial. *Neoplasma,* 59: 728-736.

- Holla, S.; Ghorpade, D.; Singh, V.; Bansal, K. e Balaji, K. (2014). *Mycobacterium bovis* BCG promove a sobrevivência de células tumorais a partir da apoptose induzida pelo fator de necrose tumoral-a-. Cancro Molecular, 13(210):1-13.

- Honeycutt, J.; Hammam, O.; Fu, C. e Hsieh,M. (2014). Controvérsias e desafios na investigação sobre o cancro da bexiga associado à esquistossomose urogenital. Trends Parasitol, 30(7):324-32.

- Hong, B. e Zu,Y. (2013). Deteção de células tumorais em circulação: Desafios actuais e novas tendências. Theranostics ., 3:377-394.

- Horacek, J.; Kupsa, T.; Vasatova, M.; Jebavy, L. e Zak, P. (2014). Tecnologia Biochips Array e avaliação dos níveis séricos de múltiplas citocinas e moléculas de adesão em pacientes com leucemia recém-diagnosticada. Exe Oncol, 35: 50-54.

- Hosgood, H.; Menashe, I. e Shen, M. (2008). A avaliação baseada em vias de 380 genes candidatos e a suscetibilidade ao cancro do pulmão sugerem a importância da via do ciclo celular. Carcinogénese, 29: 1938-1943.

- Haung, W.; Williamson, S.; Rao, Q.; Lopez-Beltran, A.; Montironi, R. e Eble, J. (2013). Novos marcadores de diferenciação escamosa na bexiga urinária. *Hum Pathol.* , 44(10):1989-1997.

-J-

- Jacobes, B.; Lee, C. e Monite, J. (2010).Cancro da bexiga em 2010: How far have we come? CA Cancer J Clin.,60:244-272.

- James, N.; Hussain, S.; Hall, E.; Jenkins, P.; Tremlett ,J.; Rawlings, C.; Crundwell ,M.; Sizer, B.; Sreenivasan, T.; Hendron, C . e Lewis, R.(2012). Radioterapia com ou sem quimioterapia no cancro da bexiga invasivo do músculo. N Engl J Med., 366:1477-1488.

- Jasim, S. e Khalil, S. (2014). Capacidade antioxidante total e certas citocinas em pacientes com cancro da bexiga. International Journal of Current Research, 6(4):6352-*6356.*

- Jasmina, V.; Schonwald, S.; Natasa, S. K. e Blazenka, I. (2011). Baixa Virulência de Estirpes *de Escherichia coli* que causam Exacerbação de Pielonefrite Crónica . Ata. Clin. Croat.;40: 165 -170.

- Jemal, A.; Siegel, R. e Ward, E. (2008). Estatísticas do cancro. Cancer J Clin.,58(2):71-96.

- Jemal, A.; Murray,T. e Wa , E.(2005). Estatísticas do cancro. Cancer J Clin., 55 (1):10-30.

- Jiang, X.; Castelao , J.; Groshen , S.; Cortessis , V.; Shibata , D.; Conti , D.; Yuan , J.; Pike, M. e Gago-Dominguez, M.(2009). Urinary Tract Infections and Reduced Risk of Bladder Cancer in Los Angeles (Infecções do trato urinário e risco reduzido de cancro da bexiga em Los Angeles). British Journal of Cancer, 100(10):834-839.

- Josip, C. (2006). Infeção do trato urinário na mulher: Diagnosis and Management in Primary Care. BMJ.; 332 : 94 - 97.

-K-

- Kalpana, G.; Hooton, T. e Stamm,W. (2010). Isolamento de *Escherichia coli* rectal resistente a fluoroquinolonas após tratamento de cistite aguda não complicada. J. Antimicrob. Chemoth.; 56(1):243- 246.

- Kamat, A.; Dickstein, R.; Messetti, F.; Anderson, R.; Pretzsch, S.; Gonzalez, G.; Katz, R.; Khanna, A.; Zaidi, T.; Wu, X.; Grossman, H. e Dinney,C. (2012). Utilização da hibridização in situ por fluorescência para prever a resposta à terapia com Bacillus calmette- Guerin para o cancro da bexiga: Resultados de um ensaio prospetivo. J Urol ., 187:862-867.

- Kapur, P.; Lotan, Y.; Ellen, K.; Kabbani, W.; Anirban, P. e Mitra, M.(2011). Adenocarcinoma primário da bexiga urinária: Value of Cell Cycle Biomarkers. American Journal of Clinical Pathology, 135: 822-830.
- Karra, V.; Gumma, P.; Chowdhury, S.; Ruttala, R.; Polipalli, S.; Chakravarti, A. e Kar,P. (2015). IL-18 Polymophsim na doença hepática relacionada ao vírus da hepatite B. Cytokine, 73:277-282.
- Kaur, G e Mehra, N. (2012). Cytokine Gene polymorphisms: Methods of Detection and Biological Significance. Methods Mol Biol., 882 (10): 549-568.
- Kausch,A. (2002) Molecular Aspects of Bladder Cancer (Aspectos Moleculares do Cancro da Bexiga). Europan. Urology, 41:1529.
- Kenneth, G.; Nepple, M.; Michael, A. e Donnell, O. (2009). The Optimal Management of T1 High-Grade Bladder Cancer (O tratamento ideal do cancro da bexiga de grau elevado T1). Can Urol Assoc J., 3(4):S188-192.
- Keymoosi, H.; Gheytanchi, E.; Asgari, M.; Shariftabrizi, A. e Madjd,Z. (2014). ALDH1 em combinação com CD44 como marcadores putativos de células-tronco cancerígenas estão correlacionados com mau prognóstico no carcinoma urotelial da bexiga urinária. Asian Pacific Journal of Cancer Prevention, 15(5):2013-2020.
- Knowles, M. e Hurst, C. (2015). Biologia molecular do cancro da bexiga: Novos Insights sobre patogénese e diversidade clínica. Nat Rev Cancer. 15(1):25-41
- Kukreja, J.; Scosyrev, E.; Brasacchio, R.;Messing, E. e Wu, G. (2014). Incidência e mortalidade por câncer de bexiga em pacientes tratados com radiação para câncer uterino. BJU Int., 114 (6):844-851.
- Kwok, P. e Chen, X. (2003). Deteção de polimorfismos de nucleótido único. Mol. Biol., 5: 43-60.

-L-

- Lacarriere, E.; Smaali, C.; Benyoucef, A.; Pfister, C. e Grise,P. (2013). A eficácia da radioterapia hemostática para hematúria relacionada ao câncer de bexiga em pacientes impróprios para cirurgia. Int. braz j urol. , 39 (6):808-816.

- Lagwinski, N.; Thomas, A.; Stephenson, A.; Campbell, S.; Hoschar, A.; El-Gabry, E.; Dreicer, R. e Hansel,D. (2007). Carcinoma de células escamosas da bexiga: uma análise clinicopatológica de 45 casos. J Surg Pathol. 31(12):1777-1787.
- Landskron, G.; La Fuente, D.; Thuwajit, P.; Chanitra ,T. e Hermoso, M. (2014). Inflamação crônica e citocinas no microambiente tumoral. Journal of Immunology Research, 14(19): 1-20.
- Letasiova, S.; Medvedova , A.; Sovclkova , A.; Dusinska, M.; Volkovova , K.; Mosoiu, C. e Bartonova, A.(2012). Cancro da bexiga, uma revisão do ambiente Factores de risco. Saúde Ambiental, 11(1): 1-5.
- Levinson, W.(2010).Immunology. Review of Medical Microbiology and Immunology.11th ed., Mc Graw hill, U.S.A., :379-380.
- Li, H.; Yu, G.; Shi,R.; Lang, B.; Chen, X.; Xia, D.; Xiao, H.; Guo , X.; Guan , W.; Ye, Z.; Xiao, W. e Xu, H. (2014). A ativação epigenética induzida por cisplatina do miR-34a sensibiliza as células do câncer de bexiga à quimioterapia. Cancro Molecular, 13(8):1-11.
- Liao, W.; Ye, Y.; Deng, Y.; Bian, X. e Ding, Y. (2014). Células-tronco do câncer metastático: Do conceito à terapêutica. Am. J. Stem. Cells, *3*:46-62.
- Lightfoot, A.; Rosevear, H. e O'Donnell, M. (2011). Reconhecimento e tratamento da falha do BCG no cancro da bexiga. Scientific World Journal. , 7(11): 602-613.
- Liu, Y. e Lin, J. (2014). Avanços recentes do cluster de diferenciação 74 no câncer. World J Immunol, 4(3): 174-184.
- Eukaszewicz, M.; Mroczko, B. e Szmitkowski, M.(2007). Clinical Significance of Interleukin-6 (IL-6) as a prognostic Fator of Cancer Disease. Pol Arch Med Wewn.; 117 (6): 247-251.
- Luo, Y.;Eric ,J.; Skeland, A.; Mark, R. e O'Donnell,M. (2012). Papel da IL-10 no carcinoma da bexiga urinária e na imunoterapia com Bacillus Calmette-Guerin.

American Journal of Immunology, 8 (1): 1-9.

-M-

• Madka, V.; Yuting ,Z.; Li, Q.; Altaf, M.; Sindhwani, P.; Lightfoot, S.; Wu, X.; Kopelovich, L. e Chinthalapally, R. (2013).p53 Stabilizing Agent prevent Growth and Invasion of Urothelial Cancer. Neoplasia, 15(8):966-974.

• Makboul, R.; EL-Refaiy , A.; Refaiy, M.; Badary, F.; Abdelkawi , I. e Merseburger, A. (2015). Expressão de Survivina em Carcinoma de Células Escamosas e Carcinoma de Células Transicionais da Bexiga Urinária: Um estudo imunohistoquímico comparativo Korean J Urol .,56:31-40.

• Malats, N. e Real, X. (2015). Epidemiologia do cancro da bexiga, 29(2): 177-189.

• Margel, D.; Pevsner-Fischer, M.; Baniel, J.; Yossepowitch, O. e Cohen, I.(2011). Proteínas de Stress e Citocinas são Biomarcadores Urinários para o Diagnóstico e Estadiamento do Cancro da Bexiga. Eur. Urol 59: 113-119.

• Mastorakos, G e Ilias, I. (2007). Interleukin-6: a Cytokine and/or a Major Modulator of the Response to Somatic Stress" [Interleucina-6: uma citocina e/ou um importante modulador da resposta ao stress somático]. Ann. N. Y. Acad. Sci. 1088: 373381.

• Matuschek, C.; Lehnhardt, M.; Gerber, P.; Poremba, C.; Hamilton, J.;Lammering, G.; Orth, K.; Budach, W.; Bojar, H.; Edwin ,P. e Peiper, M.(2014). O aumento de CD44s e a diminuição da expressão de RNA CD44v6 estão associados a uma melhor sobrevivência em pacientes com mixofibrossarcoma: um estudo piloto. Jornal Europeu de Investigação Médica, 19(6):1-7.

• Maynard, C.; Harrington, K.; Janowski, J.; Oliver , M. e Zindl, C. (2007). Regulatory T cells expressing Interleukin 10 Develop from Foxp3+ and Foxp3- Precursor Cells in the Absence of Interleukin 10. Nat. Immunol, 8: 931-941.

• McBeth, L.; Grabnar, M.; Selman, S. e Hinds, T. (2015). Envolvimento dos receptores de andrógenos e glicocorticóides no câncer de bexiga. Revista Internacional de Endocrinologia,15:1-10.

• McKenzie, P.; Danks, M.; Kriwacki, R. e Harris, L. (2003). "Disfunção P21Waf1 /

Chip1 em Neuroblastoma: um novo mecanismo de atenuação da parada do ciclo celular G0-G1". *Cancer Res.* ,63 (13): 3840-3844.

- Meyer-Siegler, K.; Cox, J.; Leng, L.; Bucala, R e Vera. P. L.(2010). Os complexos Anti-trombina III do Fator Inibidor da Migração de Macrófagos estão diminuídos no soro de doentes com cancro da bexiga: Complex Formation as a Mechanism of Inactivation. Cancro, 290(1) : 49-57.

- Michiels, S.; Laplanche, A. e Boulet, T. (2009). Polimorfismos genéticos em 85 genes de reparação do ADN e risco de cancro da bexiga. Carcinogénese, 30:763-768.

- Miremami, J. e Kyprianou, N. (2014). A promessa de novos marcadores moleculares no cancro da bexiga. Int J Mol Sci. , 15(12): 23897-23908.

- Mocellin, S.; Marincola, F. and Young, H.(2005).Interleukin-10 and the Immune Response Against Cancer: Um contraponto. J. Leukoc. Biol., 78: 1043-1051.

- Morris, K.; Nofchissey, R.; Pinchuk, I. e Beswick, E. (2014). A exposição crônica ao fator inibitório da migração de macrófagos induz a transição epitelial mesenquimal e promove cânceres gástricos e de cólon. Plos One ., 9 (6):1- 10.

-N-

- Noroozinia, F.; Fahmideh, A.; Yekta, Z.; Rouhrazi, H. e Rasmi, Y.(2015). Expressão de CD44 e P53 no Carcinoma de Células Renais: Associação com Subtipos de Tumor. Saudi J Kidney Dis Transp .,25(1):79-84.

-O-

- Olsson, H.; Hultman, P.; Monsef, N.; Rosell, J. e Jahnson, S. (2012). Avaliação imunohistoquímica dos reguladores do ciclo celular: Impacto na previsão do prognóstico no estágio T1 do cancro da bexiga urinária. ISRN Urol 12;: 9081-9089.

- Oosterhuis, J.; Schapers, R.; Janssen, M., Pauwels, P.; Newling, D. e Kate, F. (2002). Classificação Histológica do Carcinoma Urotelial Papilar da Bexiga: Prognostic value of the 1998 WHO/ISUP Classification System and Comparison with Conventional Grading Systems (Valor prognóstico do sistema de classificação da OMS/ISUP de 1998 e comparação com sistemas de classificação convencionais). J Clin Pathol,

55:900-905.

• Orita, M.; Iwahana, H.; Kanazawa, H.; Hayashi, K. e Sekiya, T. (1989). Deteção de polimorfismos de ADN humano por eletroforese em gel como polimorfismos de conformação de cadeia única. Proc. Natd. Acad. Sci., 86: 2766-2770.

-P-

• Parkin, D.(2011). The fraction of cancer attributable to lifestyle and environmental factors in the UK in 2010 (A fração de cancro atribuível ao estilo de vida e a factores ambientais no Reino Unido em 2010). British Journal of Cancer, 105: S2 - S5.

• Pasin, E.; David ,Y.; Josephson, M. e Anirban, P. (2008). Cancro da Bexiga Superficial: An Update on Etiology, Molecular Development, Classification, and Natural History [Atualização da etiologia, desenvolvimento molecular, classificação e história natural]. Revisões em Urologia, 10(1):31-43.

• Ploeg, M.; Aben, K. e Kiemeney, L. (2009). The present and Future Burden of Urinary Bladder Cancer in the World (O peso atual e futuro do cancro da bexiga urinária no mundo). World J Urol ., 27: 289-293.

• Pollard, J.(2004).Tumor-educated Macrophage promote Tumor Progression and Metastasis.Nat. Rev. Cancer, 4:71-78.

• Puzio-Kuter, A.; Castillo-Martin,M.; Kinkade, C.; Wang, X.; Shen, T.; Matos, T.; Shen, M.; Cordon-Cardo, C. e Abate-Shen, C. (2015). A inativação de p53 e P 21 promove o câncer de bexiga invasivo. Genes e desenvolvimento, 23:675-680

-R-

• Rachakonda, P.; Hosen, I.; Verdier, P.; Fallah, M.; Heidenreich, B.; Ryk, C.; Wiklund, N.; Steineck, G.; Schadendorf, D.; Hemminki , K. e Kumar, R. (2013).TERT promoter Mutations in Bladder Cancer Affect patient survival and Disease Recurrence Through Modification by a common polymorphism. Proc Natl Acad Sci, 110(43):17426-17431.

• Rama ,E.; Devi , A. e Mittal, N. (2012).Gene Variants in Predicting BCG Responseto Urinary Bladder Cancer. Ind J Clin Biochem .,27(1): 1-5

- Rambau, P.; Philipo, L.; Chalya, A. e Jackson, K.(2013). Esquistossomose e cancro da bexiga urinária no noroeste da Tanzânia: Uma Revisão Retrospetiva de 185 pacientes. Agentes Infecciosos e Cancro, 8(19): 1-6.
- Resnick ,M.; Bassett, J. e Clark, P. (2013). Gestão de cancros uroteliais superficiais e músculo-invasivos da bexiga. Curr Opin Oncol ., 25: 281288.
- Rhijn, B.; Burger, M.; Lotan ,Y.; Solsona, E.; Stief, C. e Sylvester, R. (2009). Recorrência e progressão da doença no cancro da bexiga não músculo-invasivo: Da Epidemiologia à Estratégia de Tratamento. Eur Urol.;56(3):430-42.
- Richard, V.; Kindt , N.; Decaestecker , C.; Gabius , H.; Laurent , G.; Noel, N. e Saussez, S. (2014). Envolvimento do fator inibitório da migração de macrófagos e seu recetor (CD74) no câncer de mama humano. Relatórios de Oncologia, 32: 523-529.
- Romanenko, A.; Morimura, K.; Wanibuchi, H.; Wei, M.; Zaparin, W. e Vinnichenko, W. (2003). Lesões da Bexiga Urinária Induzidas por Radiação Ionizante Crónica Persistente de Baixa Dose. Cancer Sci., 94: 328-333.
- Rosenberg, J. e Hahn, W.(2015). Cancro da bexiga: Modelagem e tradução. Genes & Development, 23:655-659.
- Ross, J.; . Sheehan,C.; Williams, S.; Malfetano, J.; Szyfelbein, W. e Kallakury, B. (2001). Decreased CD44 Standard Form Expression Correlates With Prognostic Variables in Ovarian Carcinomas. Am J Clin Pathol .,116:122-128.
- Ruben, J.; Davis, S.; Evans, C.; Jones, P.; Gagliardi, F. e Haynes, M. (2008). The Effect of Intensity Modulated Radiotherapy on Radiation-Induced Second Malignancies (O Efeito da Radioterapia de Intensidade Modulada nos Segundos Malignos Induzidos por Radiação). Int J Radiat Oncol Biol Phys.,70: 1530-1536.

-S-

- Sabate, M.; Mir, E.; Navarro, F.; Reryes , C .; Aliaga, R.; Mirelis , B. e Prats, G. (2009). Lactamases envolvidas na resistência a cefalosporinas de largo espetro em isolados clínicos *de Escherichia coli* e *Klebsiella spp.* entre 1994 e 1996 em Barcelona (Espanha). J. Antimicrob. Chemother; 49: 989-997.

- Salehi, A.; Khezri ,A.; Malekmakan, L. e A., Aminsharifi (2011). Situação epidemiológica do cancro da bexiga em Shiraz, no sul do Irão. Asian Pac J Cancer Prev.,12: 1323-1327.
- Salem, S.; Robert ,E.; Mitchell, A.; Joseph, E.; Smith, A. e Barocas, D. (2010). Successful Control of Schistosomiasis and the Changing Epidemiology of Bladder Cancer in Egypt (Controlo bem sucedido da esquistossomose e a mudança da epidemiologia do cancro da bexiga no Egito). Bju International.,107(2):206-211.
- Salgado, R.; Junius, S. e Benoy, I. (2003). Circulating Interleukin-6 predictors Survival in patients with Metastatic Breast Cancer. Int J Cancer. , 103: 642-646.
- Salinas-Sánchez, A.; Lorenzo-Romero, J.; Giménez-Bachs, J.; Donate-Moreno ,M. e Rubio-Del-Campo, A. (2008). Implicações das Mutações do Gene p53 na Sobrevivência do Paciente no Carcinoma de Células Transicionais da Bexiga: um Estudo a Longo Prazo. Urol Oncol. , 26(6):620-626.
- Sanford, T., Porten, S. e Meng, M. (2015). Análise molecular do carcinoma urotelial do trato superior e da bexiga: Resultados de uma comparação de microarray. Plos One .,10(8): e0137141.
- Santos, M.; Martínez-Fernández, M.; Dueñas ,M.; García-Escudero, R.; Alfaya, B.; Villacampa, F. e Saiz-Ladera, C. (2014). Interrupção in vivo de um loop de sinalização Rb-E2F-Ezh2 causa câncer de bexiga. Cancer Res.,74(22):6565-77.
- Saraiva,M. and O-Garra, A.(2010).A regulação da produção de IL-10 pelas células imunitárias. Nat Rev Immuno, 10:170-181.
- Sen, S. e Hopwood, V. (2011). Evidências citogenéticas moleculares para a tumorigénese em várias etapas: Implications for Risk Assessment and Early Detection (Implicações para a avaliação do risco e a deteção precoce). Cancer Biomark, 9:113-132.
- Sergei, I.; Grivennikov, F.; Greten, R. e Karin, M. (2010). Immunity, Inflammation, and Cancer (Imunidade, Inflamação e Cancro). Cell .,140: 883-899.
- Seydlitz, W.; Prygiel, M.; Bucholc, B.; Wiatrzyk, A.; Czajka, U.; Gorska, P. e

Soliwoda, U. (2014). Efeito de diferentes subculturas *de Bacillus Calmette-Guerin* na inibição do crescimento de células de câncer de bexiga T24 e secreção de citocinas por células mononucleares de sangue periférico ativadas por BCG de PBMCs. Adv Clin Exp Med ., 23(6): 877-884.

• Shachar, I e M., Haran (2011). A Segunda Vida Secreta de um Chaperone Inocente: The Story of CD74 and B cell/Chronic Lymphocytic Leukemia Cell Survival. Leuk Lymphoma; 52(8):1446-54.

• Shih, J.; Yuan, A.; Chen, J. e P., Yang (2006). Tumor-Associated Macrophage: Its Role in Cancer Invasion and Metastasis (Macrófago associado ao tumor: seu papel na invasão e metástase do cancro). Journal of Cancer Molecules, 2(3): 101106.

• Shimizu,T(2010). O Papel do Fator Inibidor da Migração de Macrófagos (MIF) na Carcinogénese Induzida pela Radiação Ultravioleta. Cancros, 2: 1555-1564.

• Siegel, R.; Naishadham, D. e A., Jemal (2012). Estatísticas do cancro. CA Cancer J *Clin.;62(1):10-29.*

• Siegel, R.; Naishadham, D. e A., Jemal (2013). Estatísticas do cancro. CA Cancer J Clin., 63:11-30.

• Siegel,R.;Desantis,C.;Virgo,K.;Stein,K.;Mariotto,A. e S.,Tenbroeck (2012). Uma provável ligação entre inflamação e cancro. Immunity, 26:281-285.

• Siamak, D.; Raghavan, D. e M.,Ross(2015). Epidemiologia e Etiologia do Carcinoma Urotelial (Células Transicionais) da Bexiga. IJAR., 5(2):11-17.

• Sjodah , G.; Lauss , M.; Lovgren , K.; Chebil , G.; Gudjonsson , S.; Veerla, S.; Patschan , O.; Mattias Aine , M.; Ferno , M. e M., Ringner (2015). Uma taxonomia molecular para o carcinoma urotelial. Clin Cancer Res; 18(12) :3376-3386.

• Smith,Z. e T., Guzzo(2013). Marcadores urinários para o cancro da bexiga. F1000Prime Reports, 5(21):1-6.

• Sobin, L.; Gospodariwicz, M. e C., Wittekind (2009). Classificação TNM de Tumores Malignos. UICC União Internacional Contra a Cárie

Vf Cancro: Wiley-Blackwell: 262-265.

- Somak, R.; Anil,V. e M., Parwani(2011). Adenocarcinoma da bexiga urinária. Arquivos de Patologia e Medicina Laboratorial, 135(12): 1601-1605.
- Sountoulides, P.; Koletsas, N.; Kikidakis, D.; Paschalidis, K. e N.,Sofikitis (2010). Secondary Malignancies Following Radiotherapy for Prostate Cancer. Therapeutic Advances in Urology, 2(3) 119-125.
- Souza,M.; Curioni , O.; Kanda, J. e M.,De Carvalho (2014). Fator inibidor de migração de macrófagos sérico e salivar em pacientes com Carcinoma de células escamosas oral. Oncology Letters, 8 (5): 2267-2275.
- Spoorthy, N.; Chetal, G. e S., Kumar (2012). Fator Inibidor da Migração de Macrófagos: um Potencial Marcador para o Diagnóstico e Terapia do Cancro. Asian Pacific J Cancer Prev, 13, 1737-1744.
- Stadler, W.; Lerner, S. e S., Groshen (2011). Estudo de Fase III da Terapia Adjuvante Molecularmente Orientada no Cancro Urotelial Localmente Avançado da Bexiga com Base no Estado do p53. J Clin .Oncol, 29:3443-3449.
- Stariets, D.; Gore, Y.; Binsky, I.; Haran, M.; Harpaz, N.; Shvidel, L.; Becker-Herman, S.; Bereebi, A. e A.; Idal, S.(2015).Cell-Surface CD74 Intiates a Signaling Cascade Leading to Cell Proliferation and Survival.Blood.,107(12):4807- 4816.
- Stepan, A.; Pirici, D.; Bala§oiu, M.; Bogdan,M.; Droca§, A. e Ciure, R.(2015). E-Imunofenótipo de aderina/CD44 na transição epitelial mesenquimal de carcinomas uroteliais de bexiga. Rom J Morphol Embryol , 56(1):85-91.
- Stivarou , T. e E., Patsavoudi (2015). Moléculas extracelulares envolvidas na invasão de células cancerígenas. Cancros, 7: 238-265.
- Stumptner-Cuvelette P, Benaroch, P. (2002). Múltiplos papéis da cadeia invariante na função do MHC de classe II. Biochim Biophys Ata. 1542(3):1-13.
- Sun, M e P., Fink (2007). A New Class of Reverse Signaling Co-stimulators Belongs to the TNF family" [Uma nova classe de co-estimuladores da sinalização inversa pertence à família TNF]. *J Immunol,* 179(7): 4307-4312.

• Suriano, F.; Altobelli, E.; Sergi, F. e M., Buscarini (2013). Cancro da bexiga após radioterapia para cancro da próstata. Rev Urol., 15(3):108-112.

• Syrigos, K.; Karapanagiotou, E. e K., Harrington (2004). The Clinical Significance of Molecular Markers to Bladder Cancer (O significado clínico dos marcadores moleculares no cancro da bexiga). Hybridoma and Hybridomics, 23(6):335-342.

-T-

• Tadin, T.; Sotosek, S.; Rahelic, D. e Z., Fuckar (2014). Precisão diagnóstica do estadiamento por ultrassom T do câncer de bexiga urinária em comparação com a histologia em pacientes idosos. Coll Antropol. , 38(4): 1123-1126.

• Takimoto, R.; Wang, W.; Dicker, T.; Rastinejad, F.; Lyssikatos, J. e w.,Deiry (2002). O fármaco modificador da conformação da p53 mutante, CP-31398, pode induzir a apoptose de células cancerosas humanas e pode estabilizar a proteína p53 de tipo selvagem. Cancer Biol Ther, 1(1):47-55.

• Tang, K.; Wang, C.; Chen,Z.; Xu,H. e Y. , Zhangqun (2015). Significado clinicopatológico e prognóstico da expressão de p21 (Cip1 / Waf1) no câncer de bexiga. Int J Clin Exp Pathol .,8(5):4999-5007.

• Tanikawa, T.; Wilke,C.; Kryczek, I.; Chen, G. e J., Kao (2012). A ablação de interleucina-10 promove o desenvolvimento, crescimento e metástase do tumor. Cancer Res .,72(2):420-429.

• Thompsona, D.; Sirefa, L.; Feloneya, M.; Haukea , R e Agrawa, D. (2015). Base imunológica na patogénese e tratamento do cancro da bexiga. Revisão de Imunologia Clínica,11(2):256-279.

• Todenhoffer, T.; Hennenlotter, J.; Esser, M.; Morhardt, S.; Tews, V.; Aufderklamm, S.; Gakis, G.; Kuehs, U.; Stenzl, A. e Schwentner, C. (2013). Aplicação combinada de citologia e marcadores moleculares de urina para melhorar a deteção de carcinoma urotelial. Cancer Cytopathol, 121, 252-260.

• Tsui,K.; Wang,S.; Chung,L.; Feng,T.; Lee,T.; Chang, P. e Juang, H. (2013). Mecanismos pelos quais a interleucina-6 atenua a invasão celular e a tumorigénese em células de carcinoma da bexiga humana. BioMed Research International, 13:1-11.

-V-

• Vikram, R.; Sandler, C. e C., Ng(2009). Imaging and Staging of Transitional Cell Carcinoma: part 1, LowerUrinary Tract. AJR Am J Roentgenol, 192 (6): 14811487.

• Volkmer, E.; Sahoo, D.; Chin, R.; Ho, P.; Tang, C.; Urtova, A.; Willingham, B.; Pazhanisamy, S. e H., Contreras-Trujillo(2012). Três estados de diferenciação estratificam o risco de cancro da bexiga em subtipos distintos. PNAS, 109(6): 2078-2083.

-W-

• Wakamatsu, Y.; Sakamoto, N.; Naito,Y.; Uraoka ,N. e Anami, K. (2012). Expressão dos Marcadores de Células Estaminais do Cancro ALDH1, CD44 e CD133 no Tumor Primário e nas Metástases de Nódulos Linfáticos do Cancro Gástrico. Pathol. Int., 62:112-119.

• Walsh, C.; Kavoussi, L.R.; Partin, A.W.; Novick, A.C. e Peter, C. (2012). Campbell-Walsh Urology 10th edition. Elsevier Inc.

• Wang, R.; Morris, D. e S.,Tomlins (2009). Desenvolvimento de uma assinatura de PCR quantitativa multiplex para prever a progressão do cancro da bexiga não músculo-invasivo. Cancer Res.; 69(9):3810-3818.

• Wiman, K. (2007). Restauração da função do p53 de tipo selvagem em tumores humanos: Estratégias para uma terapia eficaz do cancro. Adv Cancer Res., 97:321-338.

• Wu, P. e C., Shen (2011). "Hide-then-hit" para explicar a importância do polimorfismo genotípico dos genes de reparação do ADN na determinação da suscetibilidade ao cancro. Jornal of Molecular Cell Biology, 3: 59-65.

-X-

• Xue, Y.; Xu, H. e L., Rong (2010). O polimorfismo MIF -173G/C e o risco de leucemia linfoblástica aguda na infância numa população chinesa. Leuk Res, 34, 1282-1286.

-Y-

- Yang, T., Shi,R.; Chang, L.; Tang, K.; Chen, K.; Yu, G.; Tian, Y.; Guo, Y.; Wei, H.; Song, X.; Xu, H. e Ye, Z.(2015). Huachansu suprime o crescimento de células de câncer de bexiga humana através da via *Fas / Fasl e TNF-alfa / TNFRl* in vitro e in vivo. Jornal de Investigação Experimental e Clínica do Cancro , 34(21):1- 10.

- Yildirim, A.; Kosem, M.; Sayar,I.; Gelincik,I.; Yavuz, A.; Bozkurt, A.; Erkorkmaz, U. e Bayram, I.(2014). Relação da expressão de PCNA, C-erbB2 e CD44s com grau e estágio do tumor em carcinomas uroteliais da bexiga. Int J Clin Exp Med .;7(6):1516-1523.

- Yuan , T.; Tang , C.; Chen ,M.; Deng,C. e Chen, P.(2013). Influência do polimorfismo do promotor MIF humano no prognóstico do carcinoma hepatocelular. Pesquisa Genética e Molecular.,12 (4): 6629-6635.

- Yurdakul ,T.; Avunduk, M. e Piskin, M. (2005). Carcinoma de células escamosas puro após tratamento com BCG intravesical. Um relato de caso. Urol Int. ,74(3):283-285.

-Z-

- Zhang, J e A., Jianxiong (2009). Citocinas, Inflamação e Dor. Int Anesthesiol Clin. , 45(2): 27-37.

- Zheng,Y.X. (2012). CD74 e Fator Inibidor da Migração de Macrófagos como Alvos Terapêuticos no Cancro Gástrico. World J. Gastroenterol, 18, 2253-2261

- Zhu, Z.; Shen, Z. e Xu , C.(2012). Vias Inflamatórias como Alvos Promissores para Aumentar a Resposta à Quimioterapia no Cancro da Bexiga. Mediadores da Inflamação, 12:1-11.

MIX
Papier aus verantwortungsvollen Quellen
Paper from responsible sources
FSC® C105338

Printed by Books on Demand GmbH, Norderstedt / Germany